探索碳中和

中国面向2035年及长期转型战略和路径

李政 杨秀 杜尔顺 等 著

清华大学出版社
北京

内 容 简 介

　　碳达峰、碳中和目标是党中央深思熟虑作出的重大战略决策，事关中华民族永续发展和构建人类命运共同体。要实现这一宏伟目标，在全球视野下科学制定分阶段有序实施双碳的战略和路径，是一项重要而急迫的任务。为支撑这一目标的实现，清华大学气候变化与可持续发展研究院组织权威研究团队，展望中国长期经济社会发展，研究产业部门和重点行业的能源消费与碳排放及非二氧化碳温室气体排放情景，评估碳中和的成本与投资，并在研究分析各国碳中和政策和国际气候治理形势的基础上，提出我国 2035 年和中长期低碳发展的目标、实施路径和政策建议。本书旨在为相关部门、企事业单位制定双碳战略和政策措施提供参考和支撑，也可为社会各界关心双碳的人士提供知识和信息。

图书在版编目（CIP）数据

探索碳中和：中国面向 2035 年及长期转型战略和路径 / 李政等著. -- 北京：清华大学出版社，2025.3.
ISBN 978-7-302-68245-5

Ⅰ. X511

中国国家版本馆 CIP 数据核字第 2025DH1848 号

责任编辑：王如月
装帧设计：何凤霞
责任校对：王荣静
责任印制：杨　艳

出版发行：清华大学出版社
　　　　网　　　址：https://www.tup.com.cn, https://www.wqxuetang.com
　　　　地　　　址：北京清华大学学研大厦 A 座　　　　邮　　编：100084
　　　　社 总 机：010-83470000　　　　　　　　　　　邮　　购：010-62786544
　　　　投稿与读者服务：010-62776969, c-service@tup.tsinghua.edu.cn
　　　　质量反馈：010-62772015, zhiliang@tup.tsinghua.edu.cn
印 装 者：北京博海升彩色印刷有限公司
经　　销：全国新华书店
开　　本：185mm×260mm　　　　印　　张：12.5　　　　字　　数：273 千字
版　　次：2025 年 3 月第 1 版　　　　　　　　　　　印　　次：2025 年 3 月第 1 次印刷
定　　价：188.00 元

产品编号：101496-01

序　言
PREFACE

近年来，全球各地极端气候事件频发。2024年1月，国际气象组织以最新数据确认，2023年全球平均气温比工业化前（1850—1900年）水平高出了（1.45 ± 0.12）℃，再创有记录以来新高，这昭示着气候危机已经成为人类生存、发展与子孙后代福祉的严重威胁。

面对严峻挑战，世界各国坚持多边主义，达成了《联合国应对气候变化框架公约》及《京都议定书》《巴黎协定》等一系列文件，指明了全球绿色低碳转型的大方向。目前，全球一百多个国家提出了碳中和目标，覆盖了全球绝大部分的碳排放、国内生产总值GDP和人口。一场以绿色低碳为特征的全球性产业革命和技术变革正在发生，经济社会的绿色低碳转型已经成为大趋势，各国均在实施《巴黎协定》，同舟共济，各尽所能，携手合作落实行动，共同应对气候危机，共建人类命运共同体。

我国始终高度重视应对气候变化工作，将积极应对气候变化作为实现自身高质量可持续发展的内在要求及推动构建人类命运共同体的责任担当，将推进绿色低碳循环发展作为生态文明建设的重要战略举措。党的十八大以来，我们以习近平生态文明思想为指导，坚定实施积极应对气候变化国家战略，减缓、适应气候变化工作都取得积极进展，基础能力持续提升，全社会绿色低碳意识显著增强。2020年9月22日，习近平主席在第75届联合国大会上宣布，我国"二氧化碳排放力争于2030年前达到峰值，努力争取2060年前实现碳中和"。我国将碳达峰、碳中和纳入生态文明建设总体布局，构建了"1+N"政策体系，正在推动一场经济社会广泛而深刻的系统性变革。

我国积极建设性参与全球气候多边进程，深入开展气候变化南北、南南合作，推动构建公平合理、合作共赢的全球气候治理体系，是全球生态文明建设的重要参与者、贡献者和引领者。2024年1月12日，为落实中美两国元首旧金山会晤，按照中美《加强合作应对气候危机的阳光之乡声明》共识，两国启动了中美"21世纪20年代强化气候行动工作组"，开启了中美务实合作应对气候危机的新时代。

党的二十大报告提出了全面建成社会主义现代化强国的"两步走"战略安排：从二〇二〇年到二〇三五年基本实现社会主义现代化；从二〇三五年到 21 世纪中叶把我国建成富强、民主、文明、和谐、美丽的社会主义现代化强国。与此时间框架契合，根据《巴黎协定》的要求，我国将于 2025 年提出到 2035 年国家自主贡献的新目标和新举措，为共同实现全球应对气候变化目标作出新一轮的承诺。面对日益错综复杂的国际局势，秉承内促高质量发展、外树负责任大国形象的宗旨，如何统筹国内、国际两个大局，将碳达峰、碳中和的时间表、路线图和施工图进一步分解细化，提出科学、合理的 2035 年和中长期低碳发展的目标和举措，既在《巴黎协定》下履行符合我国国情和能力的国际责任和义务，又能进一步推动引领全球气候治理进程，是亟待研究和决策的问题。

在这样的背景下，清华大学气候变化与可持续发展研究院李政院长带领团队，在 2020 年出版的《中国长期低碳发展战略与转型路径研究：综合报告》和《读懂碳中和》的基础上，聚焦 2035 年和更长时期，研究提出了我国的低碳发展战略、转型路径、行动方案和政策建议。本书的出版恰逢其时，可为进一步制定和实施国家绿色低碳转型的各项政策、目标和节奏提供支撑，为政府部门、企业和事业单位、研究机构研究和开展双碳工作提供重要参考，亦可作为社会各界学习和了解气候变化及能源转型相关知识的有益资料。

原中国气候变化事务特使

解振华

2024 年 7 月

前 言
FOREWORD

《巴黎协定》设定了把全球平均气温升幅控制在工业化前水平以上低于2℃之内并努力限制在1.5℃之内的长期目标。然而，2024年1月12日，国际气象组织发布的最新报告确认2023年为有记录以来最热的一年，平均气温比工业革命前高出（1.45 ± 0.12）℃。显然，气候变化已经成为人类共同面临的非常现实而急迫的危机。

随着气候变化挑战日趋严峻紧迫，各国越来越认识到，生活在地球上的人类是相互依存的命运共同体，必须尽快采取有力度的应对气候变化的行动。截至2024年6月，已有148个国家提出碳中和的目标，覆盖了全球88%的碳排放、92%的国内生产总值（GDP，下同）和89%的人口。世界各主要经济体都出台了面向碳中和的战略、规划和政策，推动以绿色低碳为特征的经济社会转型，这是一场新时代的绿色工业革命和绿色竞赛，意义堪比历次工业革命，领先者不仅能够为世界发展作出贡献，更因在经济、政治上拥有竞争力和领导力，将为自己的国家和人民带来长久福祉。

在气候变化和全球绿色低碳转型及绿色工业革命的大背景下，我国正在实施积极应对气候变化国家战略，内促高质量发展，外树负责任大国形象。习近平总书记强调，我国力争2030年前实现碳达峰，2060年前实现碳中和，是党中央经过深思熟虑作出的重大战略决策，事关中华民族永续发展和构建人类命运共同体。

当前，我国把实现碳达峰、碳中和作为一场广泛而深刻的经济社会系统性变革，并将之纳入生态文明建设整体布局，构建完成了碳达峰、碳中和的"1+N"政策体系，提出了到2025年、2030年和2060年3个时间节点的绿色低碳循环发展经济体系目标，涉及各个部门、领域和具体行业，对循环经济、能源、工业、城乡建设、交通运输、生态碳汇等重点领域进行部署和减排增汇目标分解，同时也从财政金融、科技创新、人才培养、统计核算等多个方面建立政策保障机制。各省、区、市陆续出台碳达峰、碳中和的指导意见和实施方案。这意味着我国将以碳达峰、碳中和为抓手推动经济社会全面绿色低碳转型，加快形成绿色低碳的产业结构、生产方式、生活方式和空间格局。与此同时，我们需要根据《巴黎协定》的目标和原则，承担与不断上升的综合国力和国际影响力相一致的国际责任和义务，推动和引领全球气候治理进程，为构建绿色、低碳、可持续发展的人类共同未来作出贡献。

需要清楚地认识到，我国工业化和城镇化尚未完成，产业结构偏重、能源结构偏煤、低碳转型周期偏短、能源安全堪忧的现实，决定了我国的绿色低碳转型要付出远大于发达国家的努力。同时，根据《巴黎协定》的要求，我国需要不晚于 2025 年年初提出到 2035 年国家自主贡献的新目标和新举措。因此，如何统筹国际、国内两个大局，在百年未有之大变局中保持战略定力，积极稳妥做好碳达峰、碳中和工作与经济社会发展、能源转型的衔接，制定各部门分阶段有序实施碳达峰、碳中和的路径安排，在新时代社会主义现代化建设的宏伟蓝图中绘制好低碳发展的时间表、路线图和施工图，共建人类命运共同体，是当前需要深入研究和探讨的问题。

在此背景下，国内二十几家机构联合成立"碳中和背景下中国 2035 年和中长期低碳发展战略研究"平台，旨在为碳中和的愿景下制定一个全面、翔实的战略和实施路线图提供支撑，服务于 2060 年前碳中和的实施，特别是 2035 年美丽中国愿景目标的实现，也为我国制定 2035 年国家自主贡献目标提供参考。

清华大学气候变化与可持续发展研究院承担了上述研究平台的综合报告研究工作，在参考平台各专题研究成果的基础上，建立了总体与各部门、重点行业"上下结合"的我国能源消费及碳排放综合集成模型，并对我国 2030 年前碳达峰、2060 年前碳中和情景进行了定量研究。基于定量模型和国内外形势，本书研判全球气候治理形势和主要经济体面向碳中和的发展趋势与特点，开展我国面向碳中和的低碳发展情景分析与路径选择，评估我国实现碳中和的能源基础设施建设成本与投资需求，提出各个部门和重点行业的 2035 年和中长期低碳发展的目标、路径和政策。

全书共计 11 章，第 1 章由杨秀、李政撰写，第 2 章由胡彬、董文娟、李政撰写，第 3 章由杜尔顺、王海林、董文娟、李政、杨秀、胡彬、常世彦、佟庆、欧训民、郭偲悦、顾阿伦、彭天铎、毛春柳、张为荣、宋洋撰写，第 4 章由佟庆、杨姗姗、孟朔、张金玉、陈豪、彭杵真、林涵逸撰写，第 5 章由彭天铎、欧训民、袁志逸、任磊、刘建喆、杨一方撰写，第 6 章由郭偲悦、毛春柳撰写，第 7 章由杜尔顺、李政、董文娟、张为荣、方宇娟、张宁撰写，第 8 章由陈敏鹏、李仁强、王昭生撰写，第 9 章由顾阿伦、刘强、滕飞撰写，第 10 章由常世彦、杜尔顺、佟庆、欧训民、郭偲悦、杨伊然、王函、林涵逸、任磊、彭天铎、张为荣撰写，第 11 章由杨秀、李政撰写，全书由杨秀、宋洋、杜尔顺、张为荣、孙若水进行统稿，由李政、何建坤对书稿进行把关修改。

本书的研究和出版得到了能源基金会以及清华大学国家治理与全球治理研究院的资助，研究工作还得到了国家自然科学基金项目（72140005、52207114）、国家重点研发计划资助项目（2022YFB2403300）以及 bp 和施耐德电气（中国）有限公司国际合作项目的支持，在此一并表示感谢。

本书作者

2024 年 7 月

目 录
CONTENTS

第 1 章

引言

当前，极端天气的发生频率和幅度在全球范围内激增，气候变化的不利影响日益显现，人类正面临着现实而紧迫的危机。世界气象组织（WMO）发布的《2023 年全球气候状况》报告指出，2023 年是有记录以来最热的一年，2023 年全球平均气温比工业化前水平约高出了（1.45±0.12）℃，全球温室气体浓度、地表温度、海洋热量和酸化、海平面上升、南极海冰面积和冰川消融等多项气候变化指标创下新纪录。气候变化不仅导致全球部分地区热浪、洪涝、干旱、飓风等极端天气事件频发，造成海平面上升、冰川融化、物种减少，给全球生态系统带来了不可逆的损害，而且也导致粮食减产，威胁着基础设施的建设与运行，可能带来系统性金融风险，对全球和地区经济造成重大打击，还会致使居民流离失所。联合国政府间气候变化专门委员会（IPCC）第六次评估报告指出，近期的气候变化范围广、速度快、强度大，数千年未见，气候变化通过多种方式影响了地球上的每一个区域，是全球面临的共同挑战；报告还指出，人类活动造成了气候变化是毋庸置疑的事实，如果不采取有力度的减排行动，全球温升将于 2021—2040 年超过 1.5℃，2041—2060 年超过 2℃，到 21 世纪末，全球平均温升很有可能达到 4℃甚至更高。

随着气候变化挑战日趋严峻、紧迫，各国越来越认识到，生活在地球上的人类相互依存形成了命运共同体，必须尽快采取有力度的减缓和适应气候变化的行动。各国于 2015 年达成的政治共识——《巴黎协定》确立了将全球温升控制在 2℃以内、争取实现 1.5℃的全球温升控制幅度目标，还提出"尽快达到温室气体排放的全球峰值""在本世纪下半叶实现温室气体源的人为排放与汇的清除之间的平衡"，即碳中和（净零排放）目标。截至 2024 年 6 月，《巴黎协定》的 194 个缔约方提交了到 2030 年的国家自主贡献（National Determined Contributions，NDC）[1]；148 个国家提出碳中和的目标[2]。面向碳中和的经济社会全面转型已

---

[1] 《联合国气候变化框架公约》（UNFCCC）秘书处：https://unfccc.int/sites/default/files/resource/GST_SR_23c_30Mar.pdf. [2023-11-05].

[2] 碳追踪：https://zerotracker.net/. [2024-6-27].

成为全球发展的趋势和潮流，特别是能源转型和科技创新两方面成为各国的战略重点。

我国坚持积极应对气候变化国家战略，2020 年 9 月 22 日，习近平总书记在联合国第 75 次大会上发表重要讲话："中国将提高国家自主贡献力度，采取更加有力的政策和措施，二氧化碳排放力争于 2030 年前达到峰值，努力争取 2060 年前实现碳中和。"我国将实现碳达峰、碳中和作为一场广泛而深刻的经济社会系统性变革，把碳达峰、碳中和纳入生态文明建设整体布局，构建完成并持续落实双碳政策体系，努力推动全社会面向碳达峰、碳中和的转型。气候变化归根结底是一个发展问题，应对气候变化是要在可持续发展大系统中，统筹考虑经济、社会、环境、安全、能源、粮食、健康、科技和气候变化等方面的问题，实现协同增效。我国将以碳达峰、碳中和为抓手推动经济社会全面绿色低碳转型，加快形成绿色低碳的产业结构、生产方式、生活方式和空间格局。同时，我们需要根据《巴黎协定》的目标和原则，承担与不断上升的综合国力和国际影响力相一致的国际责任及义务，推动和引领全球气候治理进程，为构建绿色、低碳、可持续发展的人类共同未来作出贡献。

我国已提出全面建成社会主义现代化强国的"两步走"战略安排：从 2020 年到 2035 年基本实现社会主义现代化；从 2035 年到 21 世纪中叶把我国建成富强民主文明和谐美丽的社会主义现代化强国。要做好碳达峰、碳中和工作与经济社会发展、能源转型的衔接，当前还有一系列问题亟待深入研究和解决，特别是，如何结合我国的发展阶段和发展需求，做好各部门、分阶段有序实施碳达峰、碳中和的路径安排；如何在新时代社会主义现代化建设的宏伟蓝图中绘制好低碳发展的时间表、路线图和施工图。

为此，国内二十几家机构联合成立"碳中和背景下中国2035 年和中长期低碳发展战略研究"项目平台，在已经明确"二氧化碳排放力争于 2030 年前达到峰值""努力争取 2060 年前实现碳中和"等碳排放目标的基础上，聚焦中国 2035 年和中长期低碳发展战略与转型路径，共设计了 21 个专项课题，分为三大部分，总体研究思路如图 1-1 所示：第一部分研判经济社会发展趋势，分析全球气候治理与各国应对气候变化的趋势，包括生态文明建设目标愿景与路径、全球气候治理趋势、低碳消费模式及低碳社会建设、循环经济贡献与对策、空气质量改善对气候目标的协同等方面，并开展碳中和路径与政策的国际比较；第二部分研究关键部门和主要行业面向 2035 年和 2060 年的排放路径与减排措施，包括工业、电力、建筑、交通、农林、能源等部门和民航、水运、铁路、道路等细分行业，以及控制非二氧化碳温室气体（简称"非二"气体，下同）排放等课题；第三部分是综合分析，基于以上两部分的研究结论，面向 2035 年和 2060 年，展望我国应对气候变化的趋势和情景，提出结构化的目标、路径、行动方案、判断和建议，提出我国参与国际气候治理、构建人类命运共同体的对策。研究采用"自下而上"和"自上而下"相结合的方法，既有"自下而上"对各部门和行业的能源消费及 CO_2 排放的情景分析和技术分析，又有"自上而下"的宏观模型计算和政策评估，并以多个模型相互配合、软连接的方式实现了各部门分析与宏观政策模型间的协调衔接。

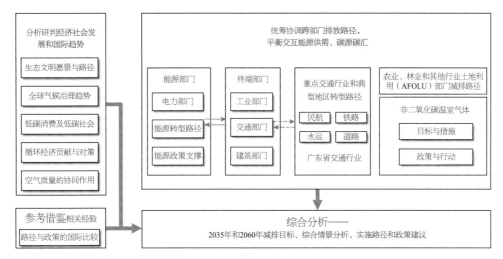

图 1-1 本项目的研究框架和思路

本报告是"碳中和背景下中国 2035 年和中长期低碳发展战略研究"项目平台的综合课题成果,以各专项课题的认识判断、定量分析、结论启示为基础,开展系统综合研判,给出整体和分部门、分时段、分技术的发展路径和政策建议,旨在为碳达峰、碳中和的愿景制定提供全面、详细的战略参考,服务于 2030 年前碳达峰目标、2035 年美丽中国愿景目标以及2060 年前实现碳中和的目标。

全书共分为 11 章。

第 1 章是引言,介绍本报告的研究背景、目的、总体思路和章节安排。

第 2 章是国际形势研判,介绍主要经济体的低碳转型政策及全球气候治理的总体形势,分析我国开展国际气候合作面临的新形势,提出我国参与全球气候治理的原则。

第 3 章是中国长期低碳发展情景分析与路径选择,在中国长期经济社会、能源和碳排放趋势展望的基础上,开展长期低碳减排的情景分析,提出以碳中和目标为导向的我国中长期和长期低碳发展目标与路径。

第 4~9 章是部门、行业研究。其中,第 4~7 章分别介绍工业、交通、建筑部门和电力系统的发展现状和主要特点,测算以上部门行业面向碳中和目标的能耗与碳排放情况,基于对关键低碳技术和发展趋势判断,提出低碳发展路径及相关政策建议;第 8 章针对农业和林业部门,介绍温室气体排放和碳吸收的现状与特点,从农林部门温室气体排放和森林碳汇两方面开展情景分析,提出减排增汇目标与措施建议;第 9 章主要介绍非二氧化碳温室气体排放的现状与趋势,提出碳中和下的发展路径和政策建议。

第 10 章估算了我国实现碳中和的能源转型投资需求。

第 11 章是全书的结论与政策建议,在前面研究的基础上,提出我国以碳中和目标为导向,到 2030 年、2035 年和 2060 年的长期低碳发展总体目标及转型路径、重点部门和行业的低碳发展目标和转型路径,以及政策建议。

第 2 章

全球气候治理形势和主要经济体的低碳转型政策

全球应对气候变化是依托于《联合国气候变化框架公约》（以下简称《公约》）和《巴黎协定》的集体行动安排。一方面，全球气候治理事关国际社会的共同利益和地球的未来，是为了解决全球应对气候变化问题所作的制度安排及相应的运行机制。另一方面，实现碳中和是各国共同应对气候变化挑战的关键举措。全球正在步入一个将应对气候变化视为经济增长机遇的新时代，主要经济体均已出台长期气候战略，确定了中长期减排目标和途径，并制定了相应的气候政策体系予以落实。本章在分析当前全球气候治理形势的基础上，梳理主要经济体的碳中和路径、政策和对我国的借鉴意义，探讨我国与其他主要国家在气候领域的合作和博弈，提出对我国参与全球气候治理的建议。

2.1　全球和主要经济体应对气候变化进展

2.1.1　全球总体进展

截至 2023 年 9 月，《巴黎协定》194 个缔约方提交了到 2030 年的国家自主贡献（National Determined Contributions，NDC）。截至 2024 年 6 月底，全球已有 148 个国家、159 个地区、268 个城市及 1084 家企业提出了碳中和目标，覆盖了全球 88% 的排放、92% 的 GDP（以购买力平价计）及 89% 的人口。

从已提出碳中和目标的国家来看，尽管已经有超过 140 个国家承诺实现碳中和，但只有 78 个国家在其政策或法律中设定了目标年份。德国等 29 个国家和地区已就碳中和目标完成立法，还有 15 个国家和地区正处于立法进程中。多个欧洲国家承诺的碳中和年份早于 2050 年，例如，芬兰计划到 2035 年实现碳中和，于 2019 年颁布了"中期气候变化政策计划"及"国家气候和能源战略"。冰岛和奥地利承诺到 2040 年实现碳中和，德国和瑞典承诺到 2045 年实现碳中和。其他大多数做出碳中和承诺的国家都将 2050 年设定为目标年，中国、沙特阿拉伯、斯里兰卡、乌克兰、尼日利亚、巴西、巴林和俄罗斯的碳中和目标年是 2060 年；印度提出到 2070 年实现碳中和。在第 26 届联合国气候变化大会（COP26）上，不丹和苏里南发起了"负碳俱乐部"，目前贝宁、加蓬、几内亚比绍、圭亚那、柬埔寨、利比里亚和马达加斯加也都加入了该倡议，这一群体都是经济相对不发达的小国，其温室气体排放量小，并且有较高的森林覆盖率。

联合国环境规划署对 2020—2022 年提交的共 166 份自主减排贡献进行了评估，结果表明，现有的减排承诺和措施距离将全球变暖控制在远低于 2℃（力争 1.5℃）的目标还很遥远。现有的自主贡献减排目标只能实现到 2030 年将全球温室气体减排 5%~10%，而 2℃目标情景需减排 30%，1.5℃目标情景需减排 45%。按照现有 NDC 到 2030 年的减排力度，21 世纪末温升将达到 2.4~2.6℃。如果叠加各国提出的净零排放目标，并且保证 2030 年减排目标和排放路径的一致性，21 世纪末有望将温升控制在 1.8℃。然而，基于各国当前的排放水平、近期 NDC 目标和长期净零排放目标之间的差异，这一情景的可信度是非常低的。按照各国当前的政策措施力度推算，21 世纪末的温升将达到 2.8℃ [2]。

2.1.2 欧盟：保持能源转型和气候科技方面的领先优势

欧盟一直是全球温室气体减排的积极领跑者，其二氧化碳排放量在 1979 年达到峰值（46.6 亿吨），此后一直处于缓慢下降趋势。欧盟践行低碳发展 40 余年，在气候目标制定与顶层框架设计方面始终走在全球前列。2019 年欧盟发布《欧洲绿色新政》，率先确立了 2050 年温室气体中和的目标，并在之后明确了 2030 年目标，包括减少 55% 的温室气体排放量和 9% 的能源消费，终端能源消费中的可再生能源占比达到 40%，电力供应中的可再生能源占比高于 60%（基年为 1990 年）等。2021 年 6 月，《欧洲气候法》(European Climate Law) 正式确立了《欧洲绿色新政》中减排目标的法律约束力。2021 年 7 月，欧盟委员会正式提出针对实现 2030 年减排目标的"减碳 55"(Fit for 55) 一揽子气候立法提案。

关于到 2050 年的能源转型路径，欧盟的研究中只明确了 2030 年前的路径，2030 年后的路径讨论了高技术水平（1.5TECH）和消费模式转型（1.5LIFE）两种情景（图 2-1）。从能源消费总量上来看，2030 年将比 2015 年下降 12%，而 2050 年的两种情景下将比 2015 年分别降低 19% 和 30%，发展循环经济和更为集约的商业和消费模式能够显著降低能源消费需求（1.5LIFE 情景）。从能源结构来看，可再生能源、核能和电制燃料等非化石能源将成为主要的能源品类，2050 年化石能源占比将降到 7% 左右（2015 年为 67%），可再生能源占比将达到 61% 以上（2015 年为 13%），核能占比约为 17%（2015 年为 14%），电制燃料和甲烷合计占比约为 6%，化石燃料的非能源使用占比为 8%~9%。

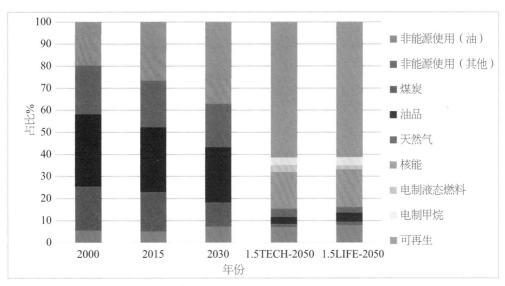

图 2-1　欧盟能源未来消费结构预测 [3]

注:（1）各国对于能源的划分和统计口径有很大差异，图中能源消费的准确名称是总内陆消费（gross inland consumption），
　　　除包括常见的一次能源消费外，还包括化石燃料的非能源使用、由清洁电力制取的电制液态燃料和电制甲烷。
　　（2）非能源使用（其他）包含煤炭、天然气和生物质。
　　（3）情景说明:
　　　①　1.5-TECH，增加所有技术的减排贡献情景，大量使用生物质能碳捕集利用技术（BECCS）;
　　　②　1.5-LIFE，较少依赖技术，假设欧盟的商业和消费模式向更循环的经济发展，减少碳密集饮食、增加共享交通设
　　　　施等。

　　欧盟的能源转型路径具有高度依赖能效措施、电气化和较高的生物质能利用的特点。具体来看，欧盟的主要措施包括:①最大限度地提高能效，包括零排放建筑;②最大限度部署可再生能源发展和电气化，能源领域完全脱碳;③构建清洁、安全和互联的出行系统;④建立有竞争力的产业和循环经济，作为温室气体减排的关键推动因素;⑤发展智能网络基础设施和互连;⑥发展生物经济和碳汇;⑦通过碳捕集和封存（CCS）解决剩余的二氧化碳排放问题（低优先级）。

　　从气候政策体系来看，欧盟在"绿色新政"下又推出了一系列战略，除了对其长期减排目标进行部门分解外，还注重生物多样性、可持续发展和气候变化的协同，以及设立"公正转型基金"来降低气候变化带来的社会转型风险（图 2-2）。此外，欧盟力求通过气候变化立法来保障减排目标的法律约束力。为保证 2030 年减排目标的实现，欧盟推出了"减碳 55"一揽子气候立法提案，该提案中包括 12 项更为积极的系列举措，包括对欧盟碳排放权交易体系、减排分担条例等八项现有法规的修订，以及碳边境调节机制、可持续航空燃料计划、社会气候基金等四项新法规。欧盟委员会表示，这其中包括碳定价、目标、标准和支持措施之间的"谨慎平衡"。该一揽子立法提案是欧盟委员会迄今在气候和能源问题上提出的最为全面的立法提案，将为实现欧盟经济的韧性和可持续性奠定基础，也将为欧盟以公平、经济、高

效和具有竞争力的方式实现碳减排和经济转型目标提供法律保障。为此，欧盟议会和理事会根据该一揽子提案启动了一系列的立法和法规修订工作。

图 2-2 "欧洲绿色新政"政策体系构成

2.1.3 英国：把握绿色工业革命机会，加速实现净零排放

英国早在 1972 年就已经实现本土碳达峰。以 1990 年为参照，2019 年英国的碳排放量已经降低了 44%，与此同时 GDP 增长了 78%，成功地探索出了一条经济增长和温室气体减排双赢的路径。2019 年，英国提出《2050 年目标修正案》，修订了 2008 年的《气候变化法》，正式确立到 2050 年实现温室气体中和的目标。此外，英国还提出了 2030 年和 2035 年的具体目标，2030 年目标为减少 68% 的温室气体排放量（基年为 1990 年），禁售燃气锅炉、汽车和燃油车。2035 年目标为减少 78% 的温室气体排放量，实现电力系统脱碳和所有汽车零排放。目前，英国已经制定了 2030 年的一揽子政策，且这些政策正在陆续发布过程中。

英国国内温室气体减排计划按照《气候变化法》下的碳预算安排进行实施（每五年一期），目前仅明确了到 2037 年的能源系统转型路径和减排目标，为长期路径保留了不确定性。面向 2050 年减排战略，英国考虑了高电气化、高氢能、高技术创新三种情景（图 2-3）。从能源结构来看，2019 年，英国的一次能源消费仍然以化石能源为主，占比 82%（其中煤炭占 2%，石油占 39%，天然气占 41%），可再生能源占比为 15%（其中生物质能占 11%，其他可再生能源占 4%），核能占 3%。到 2050 年，三种情景下的能源消费总量均将大幅降低，其中高氢能情景中降幅最小（约 15%），高电气化情景中降幅最大（约 27%）。总的来看，到 2050 年，煤炭占比将降到 0.3%～0.5%，石油占比将降到 6%～8%。在高氢能和高技术创新的情景下，天然气制氢技术均将得到大规模应用，所以天然气在两种情景下仍保留了较高的占比，分别为 34% 和 28%。三种情景下，2050 年可再生能源占比均将大幅增长，达到 50%～66%；核能占比也将达到 6%～19%。

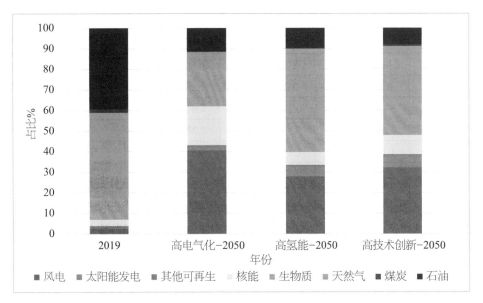

图 2-3　英国 2019 年与 2050 年三种情景的一次能源消费结构比较[4]

情景说明：① 高电气化情景——在终端部门更多地推进电气化，电解制氢、建筑部门供暖电气化。

　　　　　② 高氢能情景——更多地使用蓝氢（天然气制氢 +CCS），终端部门更多采用氢能，建筑部门采用氢能供暖。

　　　　　③ 高技术创新情景——更多地使用直接碳捕获，更多地减少航空排放。

总的来看，英国实现碳中和的主要脱碳途径包括：①依靠可再生能源和 CCS 技术实现电力系统脱碳；②通过能效提升，降低终端部门（工业、交通、建筑）能源消费需求；③实现终端部门脱碳，一方面通过电气化替代化石燃料，另一方面在航空、海运和工业过程等难减排部门推广氢能和低碳燃料替代；④减少非二氧化碳温室气体排放；⑤推行大规模土壤碳汇和工程脱碳策略。

英国为实现净零目标做出了系统部署（表 2-1）。可以看出目前的政策体系设计包括全经济系统脱碳方案，2030 年减排目标在各部门间的分解，还包括林业、自然、基础设施投资和资金支持方案。《净零排放战略》描绘了全经济（含 9 个部门）脱碳方案，提出了将每年政府研发资金投入提高到 220 亿英镑、力争在 2027 年使总研发投入增加到 2.4%GDP 的目标。《绿色工业革命十点计划》提出基于优势领域建立未来十大绿色产业，包括清洁能源、交通、自然、创新技术和金融等。从政策类型层面来看，这些政策大多是基于部门的计划、战略和白皮书，不具备强制约束力，还没有落实到具体的政策工具，这些政策的实施效果有待进一步观察。

表 2-1 英国碳中和政策体系（包括已出台和即将出台的措施）

领 域	政 策 名 称	目 标	投资 / 亿英镑	创造就 业 / 万人
绿色产业	绿色工业革命十点计划	打造绿色产业优势，聚焦十个重点发展领域	政府：120 私营：400	25
能源	能源白皮书：赋能净零排放未来	在 2032 年前减少能源、工业和建筑领域 2.3 亿吨 CO_2	NA	22
基础设施	国家基础设施战略	基础设施网络脱碳		
经济转型	净零排放战略	全经济（9 个部门）脱碳系统方案	900（2030 年）	44
工业	工业脱碳战略（2021 年 3 月）	描绘低碳工业部门蓝图		
交通	交通脱碳计划	交通系统脱碳		
建筑	供热和建筑战略	低碳供暖转型和建筑脱碳		
氢能	氢能战略	氢能在工业、热力、重型运输和电力领域提供价值		
资金	财务部净零碳排放审查	为转型提供资金、降低成本		
林业	英格兰林业战略	支持植树和泥炭地恢复		
自然	自然战略	保护和增强生物多样性		

2.1.4 日本：依托零碳转型，积极培育优势产业和拓展国际市场

日本是全球第六大温室气体排放国，在 2008 年实现了碳排放量达峰，之后一直保持着稳定的下降趋势。日本将碳中和视为新的经济增长机会，希望借机引领全球脱碳进程。日本于 2020 年 10 月公布碳中和战略《绿色增长战略》，它本质上是一个产业政策，在明确其减排目标的同时，重点识别了未来 14 个增长的产业和领域，并部署相应的政策支持体系。此外，日本于 2021 年 5 月修订了《全球气候变暖对策推进法》。日本到 2050 年的目标为实现温室气体中和，2030 年的目标为减少 46%～50% 的温室气体排放量（基年为 2013 年），2035 年实现电力系统脱碳。日本仅明确了它在 2030 年前的能源转型路径，保留了远期脱碳路径的技术不确定性，目前明确的 2030 年后的技术选择包括氢能、氨、碳捕集、利用与封存（CCUS）和碳回收等。

当前日本与能源相关的碳排放量占其总碳排放量的 80% 以上。日本在 2021 年颁布的"第六期能源基本计划"提出了 2030 年的目标：通过提高能效将终端能源消费目标维持在 2019 年的水平，提高独立开发石油和天然气的能力；可再生能源发电占比从 2019 年的 18% 提高到 36%～38%，核电占比从 2019 年的 6% 提高到 20%～22%，化石能源发电量从 2019 年的 76% 降到 41%。到 2050 年，可再生能源发电占比提高到 50%～60%，核电和火力发电量（含 CO_2 回收利用）合计占比 30%～40%，生物质能和氢 / 氨发电占比 10% 左右，此外需要为 2050 年

保留多条可能的技术路径。日本全球环境战略研究所从需求侧出发，对 2050 年碳中和路径进行了测算，结果显示，2050 年的终端能源需求将比 2015 年降低 36%，终端部门电气化率从 2015 年的 25.8% 增长至 63%，化石能源消费占比从 67% 降到 15%，氢能占比达到 19%，碳捕集需求约为每年 1 亿吨 CO_2（图 2-4）。

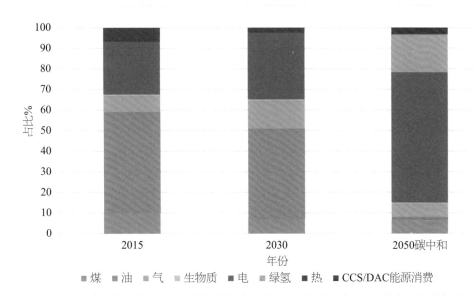

图 2-4　日本 2050 年碳中和情景下终端能源消费结构 [5]

日本能源转型路径的主要特点包括最大限度提高能效、建设氢能社会、终端部门电气化和建立循环经济。具体措施主要有：①推进电力系统脱碳，可再生能源实现在 2030 年前主流化，2030 年后规模最大化，火力发电转型（与脱碳燃料氢／氨共燃、使用 CCUS），促进核电稳定发展；②终端部门脱碳，2030 年前侧重提高能效和氢能替代，2030 年后推进终端部门电气化；③最大限度提高能效，以能效提高抵消终端部门的能源消费增长，包括通过数字技术推进节能，以及更精简、更有效地利用能源；④保留远期脱碳路径的技术不确定性。

日本依托零碳转型，积极培育优势产业和拓展发展中国家能源转型的巨大市场。在《绿色增长战略》识别的 14 个增长领域中，能源相关产业包括海上风电、太阳能和地热发电、氢能／氨燃料、下一代供暖能源及核能；交通与制造相关产业包括汽车和电池、半导体（信息）和通信、船舶制造、物流、出行设施和民用基础设施、农林渔和食品、飞行器制造、碳回收和材料制造；家用／办公相关产业包括下一代建筑电力管理、资源循环，以及生活方式相关产业。为此，日本政府选取了八类政策工具支持企业创新，设立规模为 2 万亿日元的绿色创新基金，提高公共财政投入、税收优惠、融资支持、高校创新支持等。在国际方面，政府积极促进双边和多边关系以降低企业进入海外市场的壁垒，鼓励国内企业与海外企业合作和参与国际标准及规则制定。针对发展中国家能源转型的巨大市场，日本积极发起"亚洲能源转型倡议"，并与印度签署了合作计划。

2.1.5　美国：长期且坚定地支持绿色低碳技术创新

美国是全球第二大温室气体排放国，其二氧化碳排放量于 2007 年达到峰值，之后总体呈下降趋势。2021 年 COP26 前夕，美国发布了《迈向 2050 年净零排放长期战略》，系统阐述了美国实现 2050 年净零排放的中长期目标和技术路径。其中，2050 年的目标为实现温室气体中和，2030 年的目标为减少 50%～52% 的温室气体排放量（基年为 2005 年），甲烷排放量减少约 30%（相比于 2020 年）；2035 年的目标为实现电力系统脱碳。

拜登政府于 2022 年在气候变化政策方面取得了重大突破，出台了《基础设施投资和就业法案》和《通胀削减法案》。这两项法案均面向未来十年，在能源和气候变化领域内的投资合计约为 5820 亿美元（约折合人民币 4 万亿元）。Rhodium Group 的研究表明，现有政策只能使降幅达到 24%～35%，法案实施后能够使降幅降至 40% 左右，缩小了与减排目标的差异。普林斯顿大学、达特茅斯学院等联合研究团队也对法案进行了初步分析，结果与 Rhodium Group 的预测非常接近，比 2005 年的排放水平降低 42%。同时还给出了以下四个结论：① 2030 年将额外减排 10 亿吨 CO_2-eq；②法案将目前政策与拜登政府 2030 年减排目标之间的差距缩小了 2/3；③要实现拜登政府既定的 2030 年目标，还需再额外减排 5 亿吨 CO_2-eq；④今后 10 年（到 2032 年）将累积减排 63 亿吨 CO_2-eq。

根据美国能源信息署（EIA）的数据，2019 年美国能源消费中的化石能源占比仍然高达 80%，核电占比 9%，可再生能源占比约为 11%。普林斯顿大学根据终端部门电气化水平和不同可再生能源品种的差异，重点讨论了五种情景（图 2-5）。五种情景下，2050 年的能源消费总量均需要显著降低（12%～30%），其中高电气化情景（E+）降低最多，高电气化低风光发展情景（E+RE-）降低最少。未来化石能源（主要是油气）占比需求大幅下降，从现在的 80% 左右下降到 26%～36% 的水平，相应的年均碳捕集量也达到 10 亿～17 亿吨的规模，保留的油气消费越多，碳捕集需求量就越高。未来油气消费将主要保留在交通和工业领域，比例约为 1∶2，其中工业领域中约三分之二油气消费将作为原材料使用。各情景下，可再生能源占比均大幅增加，除了在高电气化低风光发展情景（E+RE-）中的占比略低（31%），其他四种情景下，可再生能源占比均在 60% 以上。

《迈向 2050 年净零排放长期战略》强调了实现 2030 年自主减排贡献目标，还测算了 12 种情景以充分考虑长期路径中技术成本、经济增长和其他驱动力的不确定性（表 2-2）。第一种情景包括通过土地利用、土地利用变化和林业碳汇（LULUCF）及二氧化碳移除技术（CDR）从大气中去除中等水平的碳，以及允许跨部门平衡方法的先进技术假设；之后的六个情景分别探索非二氧化碳温室气体、建筑、工业、交通、电力和碳移除的较低技术假设；第八种情景是在多个部门中，将更高水平的碳移除与较低的技术假设相结合；最后的四种情景探讨了石油和天然气价格的高、低敏感性，以及人口和 GDP 增长的高、低预测。

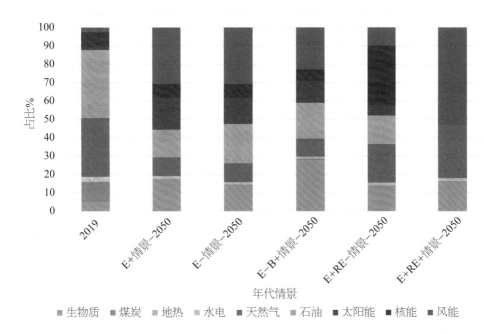

图 2-5　美国在 2019 年和 2050 年五种情景的一次能源消费结构比较 [6]

情景说明：

① E+ 情景，终端部门高电气化情景；

② E- 情景，终端部门低电气化情景；

③ E-B+ 情景，终端部门低电气化下高生物质能源情景，生物质作为零碳燃料；

④ E+RE- 情景，终端部门高电气化下，可再生能源发展受限，低风光发展水平；

⑤ E+RE+ 情景，终端部门高电气化下，100% 非化石能源的情景，无新建核电站，也没有地下碳埋存。

表 2-2　美国长期战略的 12 种情景说明 [7]

情景说明	分部门技术选择						模型选择	
	LULUCF 和二氧化碳移除 (CDR) 技术	电力	交通	工业	建筑	"非二"气体减排	GCAM	OP-NEMS
基准高技术	中	高	高	高	高	高	√	
低非二移除	中	高	高	高	高	低	√	
低建筑	中	高	高	高	低	高	√	
低工业	中	高	高	低	高	高	√	
低交通	中	高	低	高	高	高	√	
低电力	中	低	高	高	高	高	√	
低碳移除	低	高	高	高	高	高	√	√
低技术下高碳移除	高	高	低	低	低	低	√	√
高油气价格	中	高	高	高	高	高	√	

续表

情景说明	分部门技术选择						模型选择	
	LULUCF 和二氧化碳移除 (CDR) 技术	电力	交通	工业	建筑	"非二"气体减排	GCAM	OP-NEMS
低油气价格	中	高	高	高	高	高	√	
高人口 GDP	中	高	高	高	高	高	√	
低人口 GDP	中	高	高	高	高	高	√	

从温室气体减排贡献来看，美国能源系统脱碳的贡献接近 70%。分途径来看，发展清洁电力、提高能效、终端部门电气化和低 / 零碳燃料替代、非二氧化碳温室气体减排的贡献分别为 15%、15%、31% 和 8%，剩余碳排放的清除将通过加强碳汇管理的方式来实现。具体表现为主要来自五个领域的减排措施：①电力系统脱碳化；②终端用能电气化，推动航空、海运、工业过程等部门使用清洁燃料替代化石燃料；③节能和提高能效，减少能源浪费；④减少甲烷和其他非 CO_2 温室气体排放量，优先支持现有技术外的深度减排技术创新；⑤实施大规模土壤碳汇和工程脱碳策略。

2.1.6 国际经验对我国的启示

实现碳中和是各国政府共同面临的机遇和挑战，其中良好的实践和经验可以为其他国家提供广泛的参考借鉴。欧盟、英国、日本、美国的脱碳路径和气候政策体系对我国主要具有以下启示。

（1）各国的碳中和战略仅明确近、中期转型路径，为远期路径预留了不确定性。多数国家仅明确了到 2030 年的路径，英国是到 2037 年。目前各国远期战略中考虑的不确定因素包括技术成本、经济增长、消费转型及其他驱动力。

（2）各国采取如下的主要脱碳途径：在能源供应侧降低化石能源供应、调整能源结构、电力部门率先脱碳。在需求侧通过电气化替代化石能源的直接利用，发展清洁燃料和原料实现难减排部门（航空、海运和工业过程等）脱碳。利用多种技术（包括数字技术）推进节能和提升能效，降低能源需求，通过 CCUS 和碳移除技术去除剩余碳排放。此外，减少甲烷和其他非 CO_2 温室气体排放。最后，加强自然生态系统碳汇管理。

（3）分部门来看，由于技术特性和成熟度不同，一些部门将比其他部门更早脱碳。电力部门将通过发展清洁电力率先脱碳，然后通过电气化帮助陆路交通部门（公路和铁路）、建筑、工业部门部分脱碳，最难实现脱碳的部门为建筑集中供暖、工业高温流程、农业、重交通及航空和航海等部门。大部分主要发达经济体都制定了 2035 年前后实现电力部门脱碳、轻汽柴油车零排放、铁路电气化的战略目标。

（4）完善气候政策体系，落实减排目标，选取合适政策工具。当前主要经济体均已出台长期气候战略，确定了中长期减排目标和途径，并逐步制定了相应的气候政策体系予以落实。欧盟的政策体系构成体现了对各领域减排目标的落实措施、对新技术和新产业的培育、财政税收金融等保障机制的建立、低碳转型风险的识别和控制等领域的判断，并涉及针对不同领域的特点部署相应的政策。针对不同的问题，选取适用的政策工具，有效地提高政策效率、降低实施成本等，所选用的政策工具包括碳定价、行政指令、标准、基金等。

（5）**将碳中和目标纳入立法，提高减排的约束力和连续性，通过不同形式的碳排放总量控制制度推进减排**。英国、欧盟、日本、德国均以立法形式明确了减排目标。在温室气体总量控制方面，英国国内温室气体减排按照《气候变化法》下碳预算安排实施（每五年一期）。欧盟主要通过碳排放权交易机制（ETS）实施对企业的碳排放总量直接管控，对于碳交易覆盖范围之外的部门，则通过减排责任分担决议通过成员国进行管控。

（6）**识别与应对低碳转型社会风险**。低碳转型对不同地区、行业和人群的影响不同，需要提前预判、作出前瞻性部署，保证全社会和经济的平稳、和谐转型。低碳转型将对能源密集型和高碳排放产业占比高的地区形成严峻挑战，这些地区将面临高碳行业的转型风险、高碳资产沉没风险、高碳行业从业者的失业和再就业风险等。以欧盟为例，欧盟已经建立了"公正转型基金"和"社会气候基金"来降低社会风险。

（7）**依托科技创新打造新的产业和出口优势**。零碳/低碳经济具有技术密集型的特征，科技创新是大国间竞争与合作的主要领域。主要经济体已经依据科技创新部署向下游延伸，培育新兴产业和贸易增长点，形成包含科技、产业和贸易出口在内的政策系统。

2.2　全球气候治理新形势

2.2.1　俄乌冲突使能源安全优先级大幅提升，可能导致全球脱碳道路分化

俄乌冲突后，以美国为首的西方国家对俄罗斯发起了全方位、多频次的制裁，直接导致俄罗斯能源出口受限，对全球能源市场造成了巨大的冲击，致使能源价格飙升。欧洲部分国家的气候政策出现了暂时的回摆，但能源危机也使他们更加认识到可再生能源是摆脱化石能源依赖和实现本国能源安全的重要举措，因此欧盟等发达经济体的低碳转型加速。然而发展中国家面对经济低迷、能源和粮食危机等多重挑战，低碳转型之路举步维艰。总体来说，全球的大势依然是向低碳世界发展。在全球极端天气愈演愈烈，气候变化造成的灾害越来越显著的今天，国际社会更需要紧密合作，坚定低碳转型的信心和决心。

为了实现"Fit for 55"的目标，欧盟可再生能源发展法案（Renewable Energy Directive，REDII）将 2030 年可再生能源发展目标提升至终端能源占比 45%，与"REPower EU"能源计划完全一致。COP27 前夕，德国总理舒尔茨重申德国的气候目标，称不会推迟到 2045 年实现

碳中和的时间表。美国也于 2022 年 8 月通过了《通胀降低法案 2022》，而中国早已制定出详细的关于碳达峰碳中和的"1+N"政策体系，这些都坚定了全球能源绿色低碳转型的信心。国际能源署《世界能源展望 2022》指出："俄乌冲突可能是迈向更清洁、更安全能源系统的历史性转折点。"

2.2.2   全球经济增速放缓，影响气候融资和气候资金的谈判

新冠疫情及俄乌冲突的叠加引发多国出现经济危机并严重冲击了全球供应链，造成以粮食、能源为代表的资源型大宗商品的价格持续上涨，导致全球大通胀的发生。国际货币基金组织（IMF）于 2023 年 10 月发布的《世界经济展望》指出，2023 年全球经济预计将增长 3.0%，低于 2022 年 3.5% 的增速，而且依旧面临多重下行风险，短期内也可能会影响全球应对气候变化的资金投入力度。

COP27 大会上关于发达国家提供 1000 亿美元气候资金的谈判依然未能够取得进展，仍有近 200 亿美元的差距未被兑现，中长期气候资金的落实也面临着较大的不确定性，这些都使得气候脆弱国家应对气候变化的能力面临巨大挑战。发达国应该尽快明确履行承诺的到 2025 年的气候资金路线图，尽早为 2025 年之后制定一个新的且更具雄心的目标，同时通过一个包容性和有明确时限的进程，确保气候资金的数量和质量。发达国家提供的资金支持中，应优先用于为发展中国家开展适应行动提供公共资金支持，确保至少 50% 的全球公共气候资金用于适应行动，尽快明确适应资金翻番的路线图，并考虑提供来源可预期的适应资金的替代机制，如《巴黎协定》第 6.4 条规定的收益分成，为发展中国家实现经济增长、能源安全、气候行动等多重目标协调发展提供支持。

2.2.3   全球气候治理的要素和话语权正发生变化

《公约》的要素如减排目标、原则、议题都在发生变化。在减缓目标上，尽管各缔约方在《巴黎协定》中达成的目标是到 21 世纪末将全球平均温度升幅控制在 2℃ 以内，并努力争取把温度升幅限定在 1.5℃ 以下，但是发达国家、脆弱群体和小岛屿国家就 1.5℃ 单一目标达成了所谓的共识，并在各种国际气候会议中强行推动。《公约》下"共同但有区别的责任原则"逐渐被模糊和淡化，更加强调减排责任趋同且突出排放大国的责任。在 2022 年的全球气候大会（COP27）上，中国和印度都被要求为气候变化损失、损害提供资金，并停止新建燃煤发电厂等，关于要求 G20 国家带头减排的呼声也越来越高。在《公约》主渠道下，传统议题难以取得突破的情况下，主渠道外的双边和多边合作机制与倡议层出不穷，退煤、甲烷、毁林、公正转型及零排放标准与审查等关键议题被各国关注，并且有逐渐渗透进入主渠道多边进程的趋势，使得气候变化议题更加泛化和碎片化。

　　近年来,《公约》主渠道下全球气候治理也向权力较小国家、公民社会、妇女、青年和儿童赋权,这改变了 2015 年以来形成的以大国为主导的局面,使得决策过程进一步颗粒化和分散化。例如,在 COP27 会议上,加勒比海小岛国成为气候资金议题的领导者,巴巴多斯总理提出的“布里奇顿倡议”成为解决方案的核心,气候脆弱国家的领导力、欧盟的支持共同塑造了气候资金议题的优先级,并促成了建立标志性的“损失损害基金”。发展中国家阵营围绕不同议题进一步分化成多个小集团,印度、巴西的领导力崛起,印度在 COP26 会议上宣布了其 2070 年碳中和目标,在 COP27 上提交了长期低排放战略,受到全球各国和主流媒体的广泛赞扬;巴西总统卢拉和印度尼西亚、刚果领导人在 COP27 上签署了“热带雨林保护协定”,受到了“英雄般”的拥护。

2.2.4　非国家行为体在全球气候治理中扮演越来越重要的角色

　　在 2020 年 6 月 5 日的世界环境日当天,联合国正式启动“奔向零碳”行动。倡议提出后,联合国动员了全球 1049 个城市、67 个地区及 5000 多家企业,并且联合了 441 个投资人和 1000 多个教育机构,将之全部组织起来,成立了净零碳倡议联盟,总体覆盖了全球 25% 的二氧化碳排放量及超过 50% 的 GDP,这是全球努力不可忽视的一部分。

　　如今越来越多的非国家行为体作出了自己的净零承诺,中国 31 个省区市明确表示要扎实做好碳达峰、碳中和的各项工作,制定 2030 年前碳排放达峰行动方案;美国有 34 个州及哥伦比亚特区制订了气候变化行动计划,23 个州及哥伦比亚特区制定了温室气体减排目标。2022 年 4 月 28 日,欧盟委员会公布了“欧盟使命:气候中和与智慧城市”(EU Mission: Climate-Neutral and Smart Cities)项目(也称“城市使命”,Cities Mission)入选城市名单,旨在支持、推动和展示 100 个欧盟城市于 2030 年前实现气候中和的愿景。

　　非国家行为体在国际气候大会上发起的资金和倡议涵盖议题也越来越广,COP27 上就涵盖了适应气候变化、应对气候风险、开发清洁能源,以及修复森林、增强粮食安全、水资源安全等。除传统议题外,粮食和农业、气候预警等新兴热点议题也进入非国家行为体的视野。其中,多边开发银行作为气候融资领域中最重要的非国家行为体,在帮助发展中国家获得气候融资方面具有巨大潜力,展现出极大雄心。在 COP27 会议上,世界银行行长戴维·马尔帕斯对各国政府在内的多方要求开发银行进行全面改革的提议表示欢迎。世界银行和欧洲投资银行在内的 10 家开发银行发布了一份联合声明,表示增加对低收入国家的私营部门投资将是他们的“关键优先事项”之一。

　　非国家行为体的另一项重要功能是,就气候变化情况提出警告,针对政策建议提供科学依据。例如,气候行动追踪组织(Climate Action Tracker)曾预测,若目前的政策继续执行,全球平均气温到 2100 年将升高 2.7℃,并先后对乌克兰危机阻挠《巴黎协定》目标实现，以及石油和天然气公司计划增长化石燃料发出警告。国际网络"未来地球""地球联盟"和"世界气候研究计划"（WCRP）发布了《气候科学的 10 个新见解》，介绍了今年气候变化最新研究的主要进展，并给出了政策指导。非国家行为体还可以对其他行为体的气候行动进行监督，督促采取更有力的行动应对气候变化。例如，《碳简报》（*Carbon Brief*）发布的分析报告指出，澳大利亚在为发展中国家提供的气候资金中，还缺少 26 亿美元的"公平份额"。

此外，多样的非国家团体（尤其是妇女团体和青少年团体）参与气候讨论，有助于推动气候讨论进程更加包容。来自亚洲、非洲和拉丁美洲的 40 多个基层妇女组织结成"全球南方国家妇女保有权和气候联盟"，要求各国政府增加对当地妇女运动的气候融资，督促全球南方国家的妇女成为气候行动的"领导者"。COP27 由青年主导的气候论坛上，高层决策者和青年大会（COY17）的青年代表发表了《全球青年声明》，强调世界青年要参与 COP27 的讨论和成果建设，并成为推动实现气候雄心的中坚力量。

2.3 我国开展国际气候合作面临的形势

2.3.1 中国与美国的气候合作和博弈

自 2021 年拜登就任美国总统以来，美国政府将气候变化置于美国内外政策的重要位置，中美在气候问题上恢复了官方接触并取得了合作共识，使得气候变化客观上成为中美联系和合作的重要领域。

1. 共同应对气候变化依然是现阶段中美合作的重要平台

拜登在 2021 年的地球日演讲中，避免就气候问题与中国产生对抗[①]。2021 年 2 月，我国任命解振华担任中国气候变化事务特使，美国总统气候问题特使约翰·克里予以称赞并将解振华特使称为中国在全球变暖议题上的"领袖"和"有力推手"。2021 年 4 月 18 日，在克里访华后，两国发表了《中美应对气候危机联合声明》，重启了中美气候变化的合作渠道，达成了多边、双边合作应对全球气候变化的共识，并指出了双方在未来十年中采取应对气候变化行动的重点领域。2021 年 4 月 22 日，应拜登总统邀请，习近平出席了领导人气候峰会并发表讲话，重申了我国碳达峰碳中和目标并承诺中国将严控煤电项目，"十四五"时期严控煤炭消费增长、"十五五"时期逐步减少。在 COP26 期间，中美联合发表《中美关于在 21 世纪 20

---

① Julia Musto, Biden avoids confronting China over climate in Earth Day speech with world leaders. https://www.foxnews.com/politics/biden-avoids-confronting-china-over-climate-in-earth-day-speech-with-world-leaders.

年代强化气候行动的格拉斯哥联合宣言》，提振了全球在接下来这关键十年应对气候变化的信心。我国与美国官方层面的气候合作在 2022 年有过短暂的停滞，但在 COP27 上，双方证实中美两国将恢复气候合作，克里也在 2023 年 7 月对中国进行了访问，未来共同应对气候变化依然会是中美之间的一个重要纽带。

2. 全球极端天气频发使得中美需要共同应对人类社会生存危机

IPCC 第一工作组报告《气候变化 2021：自然科学基础》表明，继续增暖将进一步加剧未来极端事件发生频次和强度。自工业化以来，目前全球气温已升高 1.45℃，对人类社会带来的破坏已经不容忽视，2022 年，全球范围内的极端高温与干旱事件表明，气候变化给人类生存已经造成了严峻的威胁，并且 2023 年 7 月成为有记录以来最热的一个月。美国《2022 年国家安全战略》有大量内容涉及气候变化相关议题，认为气候变化是全球面临的最大挑战，对全球的可持续发展构成了巨大威胁。近年来，两国在气候变化影响下的脆弱性急剧地、而且几乎是持续不断地显现。中美在 2021 年 4 月 17 日联合发表《中美应对气候危机联合声明》，承诺通过各自在 21 世纪 20 年代这关键十年采取加速行动来应对气候危机。

3. 中国绿色产业和供应链受到美国的围堵和限制

根据《纽约时报》报道，美国光伏产业目前几乎完全依赖中国制造商提供的低成本太阳能电池组件，上游多晶硅的生产绝大多数掌握在中企手中。2021 年，中国动力锂电池出口额为 284 亿美元，其中美国以近 50 亿美元成为其中最重要的出口市场之一。美国因此担忧清洁能源产业过度依赖中国这一"战略竞争对手"会给能源安全和低碳经济带来重大隐患。美国 2022 年通过的《通胀降低法案 2022》支持风力涡轮机、太阳能电池板等制造设施的建设，大力扶持新能源完整供应链，同时要求获补贴电动车必须在北美组装及至少要有 40% 的"关键矿物"来自美国或与美国有自由贸易协定的国家，加码"美国制造"。国会民主党众议员马克·莱文于 2022 年在《国会山报》撰文称，该法案明确阻止了支持中国的投资。另外，该法案也有明显打压中国光伏产业的意图，这也是继《创新与竞争法案》《芯片和创新法案》后在高科技及未来有发展潜力的新能源产业上对中国进行的又一次围堵，它试图将中国排除在供应链之外，并以美国为中心重组全球绿色供应链。

中美全面战略竞争的新态势下，美国势必将拉拢盟友对中国围剿以维护它在经济、科技和先进产业方面的领导角色。美国一系列举措力图"掐断"中国通过获得外部技术和市场实现产业跃变的途径，如将中国新能源供应链排除在税收减免优惠之外，增加中国电池厂商在美国设厂难度，并限制相关芯片设计软件对华出口。美方制定这些政策目的就是要抑制我国长期积累的成本和技术优势，对中国新能源产业和相关战略技术进行打压。

2.3.2 中国与欧盟的气候合作

纵观欧洲气候领导力发展的历史，英国、德国和法国是相对积极的国家，其中英国作为 COP26 的主办国，在推动气候治理方面仍有较强动力；德国任命长期关注气候变化与国际谈判工作、曾任绿色和平全球总干事的詹妮弗·摩根担任国际气候行动特使，可见它在推进治理和谈判中的雄心；法国马克龙总统在第一任期内就高调支持应对气候变化，发起地球领导人峰会，在美国缺位期间充分展示了气候领导力。

俄乌冲突爆发以后，欧洲主要国家虽然出现了气候政策的短期回摆，暂时重启了少量煤电来应对能源危机，但是为了彻底摆脱对俄罗斯能源的依赖，从长期来看欧洲将加速低碳转型的进程。德国颁布的 "Easter package" 计划旨在推动可再生能源的加速使用。到 2030 年，德国至少 80% 的总电力消费将由可再生能源提供，到 2035 年，德国的电力几乎全部来自可再生能源发电。2023 年 3 月，欧盟就 2030 年扩大可再生能源使用的目标达成一项最新的政治协议，欧盟国家和欧洲议会一致同意到 2030 年将欧盟可再生能源占最终能源消费总量的比例由目前的 32% 提高到 42.5%（同年 10 月，欧盟通过《可再生能源发展法案》，再次将这一份额提升至 45%）。

中国与德国之前有很好的合作基础，虽然近两年双边关系遇到一些困难，但德国新政府上台以后，中德之间依然在气候和能源领域有很大的合作空间。中国是德国最大的贸易合作伙伴，虽然未来欧盟碳边境调节机制（CBAM）会在一定程度上影响中欧气候合作的前景，但中德两国之间的贸易依然有大的发展空间。尤其是德国总理舒尔茨于 2022 年年底访华，对中德乃至中欧在气候变化和新能源产业的合作都会产生较大的促进作用。2023 年 4 月初，法国总统马克龙访华，在中法联合声明中，双方都表示要共同应对全球气候变化，承诺在筹备《联合国气候变化框架公约》第二十八次缔约方大会（COP28）之路上保持密切沟通和协调，推动《巴黎协定》首次全球盘点取得成功，并在减缓、适应、损失和损害及实施手段等议题上取得积极进展。

2.3.3 中国与其他国家的气候合作

中国一直在"基础四国"、金砖等框架下保持在气候变化议题方面的沟通与合作。COP27 大会上，"基础四国"部长们表示，支持"77 国集团 + 中国"主席国巴基斯坦发挥团结发展中国家的积极作用。2023 年 9 月在纽约召开的气候雄心峰会期间，四国集团发表联合声明，指出当前国际合作破碎化，发达国家的单边主义措施有损信任，强调 COP28 取得富有雄心、公平、务实、全面和平衡成果的重要性，并表达了四国集团愿为应对气候挑战尽最大努力并与所有国家展开合作。另外，COP27 使非洲国家的受关注度大幅提升，气候脆弱国家的关切成为气候大会的重要议题。在以巴基斯坦为代表的"77 国集团 + 中国"的推动下，最终本届气候大会同意为损失损害建立专项基金，就损失损害资金安排作出了历史性的决议。就在 COP27 进行的同时，G20 会议正在巴厘岛举行。G20 承诺落实《缓债倡议后续债务处理共同框架》，即将开展对赞比亚和埃塞俄比亚的债务处理，并且由中国和法国担任处理埃塞俄比亚债务债权人委员会的共同主席。中国积极落实 G20 的缓债倡议和债务处理，缓债总额在二十国集团成员中最大，为脆弱国家提升了应对包括气候在内的各种危机的能力。

2.4　我国参与全球气候治理的原则

2.4.1　巩固和维护我国在全球气候治理体系中的发展中国家定位，坚持《联合国气候变化框架公约》和《巴黎协定》的原则

《公约》是全球气候治理制度的基石，明确了发达国家与发展中国家在应对气候变化领域共同但有区别的责任原则，同时在其附件 I 中列出承担发达国家义务的 41 个国家名单，其中除传统后工业化国家外，还包括苏联和东欧经济转轨国家。这些国家经济比较发达，人均 GDP 较高，历史上和当前的人均温室气体排放量远高于发展中国家，对全球气候变化负有历史和现实责任。中国属于非附件 I 国家，在《公约》下被确认为不承担具体减排和支持义务的发展中国家。

2015 年联合国气候大会通过的《巴黎协定》确立了 2020 年后全球气候治理新机制，但同时也遵循了《公约》的原则：公平原则、共同但有区别的责任原则和各自能力的原则，并考虑不同的国情。在应对气候变化减缓、适应、资金、技术、能力建设和透明度各要素条款中，仍体现了对发展中国家与发达国家有区别的责任和行动的灵活性。面对全球气候治理新的形势和挑战，中国要继续坚持《公约》和《巴黎协定》的原则，坚持发展中国家定位，巩固发展中国家的战略依托。同时，中国应继续通过共建"一带一路"绿色发展、南南合作等多边合作机制，不断完善与发展中国家的气候对话及合作机制，为广大发展中国家应对气候变化提供亟须的解决方案和公共产品。

2.4.2　对内坚定不移地实现"双碳"目标，对外积极参与和推动全球气候治理

俄乌冲突引发全球性的能源危机、粮食危机，使国内外对国际秩序、能源安全等许多重大问题重新进行深入思考，煤炭在短期内成为许多国家保障能源安全的选择。但是不能把对能源价格的短期冲击与整个能源战略转型的问题混为一谈，短期冲击会贯穿整个能源转型过程，但低碳转型大的方向不能动摇，全球的大势依然是低碳发展。对内，我们必须坚定不移地实现双碳目标，对外则需积极参与和推动全球气候治理，不断提高我国在全球气候治理中

的影响力和话语权。当前，气候危机日益深重，应对气候危机已经成为人类道义制高点。我国应继续站在构建人与自然命运共同体的高度，为全球贡献中国智慧。

2.4.3   加强气候外交，利用气候合作管控中美关系

对于中美两国来说，应对气候危机都是优先事项。近年来，两国都经受了高温、暴雨、干旱等极端天气肆虐，IPCC 的最新报告也提到近期气候变化范围广、速度快、强度大，数千年未见，中美两国也无法置身事外、独善其身。因此，中美两国需要在气候变化问题上找到一种真正务实的合作方式，使之既符合两国各自深层次的国家利益，也在两国的利益和全人类的利益的最大公约数中，找到最佳的结合点。

同时，气候变化作为两国最有共识的合作领域，一直在中美关系中发挥关键作用，具有带动其他领域合作的潜力。因此，加强气候外交、利用气候合作管控中美关系既有条件，也十分必要。

此外，虽然当前中美中央政府间开展合作的难度较大，但美国州政府受联邦政府的政策影响较小，政策相对稳定。因此，省州和城市层面地方政府的合作可为两国气候合作提供一定弹性，拓宽两国交流渠道，并成为中央政府层面合作的催化剂和杠杆。地方层面开展合作的内容包括：重建省州长论坛，推动低碳城市合作，探索碳排放权交易试点与加州碳市场的合作。中美未来还应继续推进民间合作，加强相互了解，倡导发展理念，分享实践经验，具体包括开展 1.5 轨和 2 轨政策对话、加强研究机构和智库间的技术和人员交流、合作成立研究机构、发挥世界大学气候变化联盟等国际合作平台作用等措施。

2.4.4   加强与欧洲在气候变化领域的合作，避免中欧关系继续滑落

俄乌冲突爆发以来，欧洲国家的不安全感急剧上升，对美国的安全依赖加强，这导致欧洲国家迅速向美国靠拢，欧美关系进一步强化，而且已外溢到了全球气候治理领域，例如，七国集团（G7）建立了"气候俱乐部"，美国、欧盟等 11 个国家在主要经济体和能源论坛上启动了"全球甲烷承诺（GMP）能源路径"。但美欧在气候问题上素来不是铁板一块，例如，2022 年 11 月 7 日，欧盟成员国财务部长在布鲁塞尔举行会议，与会各方对《通胀削减法案2022》深表担忧，认为该法案规定的许多绿色补贴对欧盟的汽车、可再生能源、电池和能源密集型行业构成歧视，在欧洲能源成本已经居高不下的背景下，对欧盟工业的竞争力和企业在欧洲的投资决策产生了重大影响[①]。

因此，就中欧气候合作而言，我们应该积极加强彼此间的沟通和协作。中欧在推动多极

---

① CNBC, 7 November 2022, https://www.cnbc.com/2022/11/07/us-inflation-reduction-act-eu-raises-concerns-risks-wto-dispute.html.

化和多边主义方面存在共识，而且中国市场对欧盟企业的吸引力始终是巨大的，2022 年大众汽车集团与中国人工智能公司"地平线"共同投资新能源汽车芯片就是中德双方加强合作的重要体现。另外，CBAM 在 2023 年 5 月已经通过了立法，并于 10 月开始试运行。我国应积极与欧盟等开展对话，就 CBAM 中的关键要素设计和技术难点问题进行磋商，增强欧盟对中国气候政策的理解，提升欧盟对中国减排努力的认可度。最后，中欧应基于双方已经建立的中欧环境与气候高层对话，加强在低碳技术发展、绿色标准制定及绿色产业链安全方面的对话与合作，使其成为维系中欧关系的稳定之锚。

2.4.5　以倡议作为推动全球气候谈判和治理的新抓手

倡议类行动的数量在近年增长迅速，正在成为全球气候合作中不可忽视的新模式。众多缔约方、国际组织、企业等在 COP27 上公布了一系列倡议类行动，内容覆盖多个领域，为促成全球合作、提振气候信心起到了积极作用，也为倡议发起者带来了良好声誉。倡议类行动具有框架性、区域性、自发性、灵活性、先导性的特点，顺应了全球气候治理新形势。在全球气候立场分裂，《巴黎协定》实施阶段谈判面临阻碍，各缔约方难以找到"最大公约数"的环境下，倡议类行动有助于弥补集体行动力度的不足，形成各自探索、齐头并进的格局。《公约》外倡议的实施也为《公约》谈判提供了实践经验，起到了提供先进经验、增强各方互信的效果。我国发起倡议可围绕国内优势议题和发展中国家核心关切议题两个方面展开，如新能源产业、适应、预警和观测系统、海洋蓝碳等。同时，可优先考虑"绿色一带一路""南南合作"等倡议的子活动，以及已开展的合作内容，并适时在未来的气候大会或是其他多边场合推出。

中国长期低碳发展情景与路径选择

在全球应对气候变化的紧迫形势下，我国需要基于发展阶段和自身需要，研究和探讨与双碳目标相契合的长期低碳排放目标和实现途径。本章在分析我国低碳转型现状与趋势的基础上，吸收与总结其他章节的研究成果，研究分析实现"全部温室气体中和"与"二氧化碳中和"两种碳中和目标情景的技术路径，总结提出我国长期低碳发展目标路径与建议。

3.1 中国低碳发展现状与趋势

3.1.1 中国低碳发展现状与特征

21 世纪初，在我国经济持续高速发展的同时，能源和碳排放问题日益受到关注，如何处理好发展与减污降碳、保障能源安全的关系逐渐成为焦点问题。"十一五"以来，我国结合自身的发展阶段和特征，提出了相应的应对气候变化的节能减碳目标，完成情况如表 3-1 所示。与 2005 年相比，2023 年我国单位 GDP 二氧化碳排放量下降了 73.7%，同期，煤炭消费比重从 72.4% 降到 55.3%，非化石能源占一次能源比重从 7.4% 提高到 17.9%。

表 3-1 "十一五"以来我国应对气候变化节能减碳主要目标及完成情况

	预 期 目 标	实际完成情况
"十一五"	① 单位国内生产总值能耗 5 年累计下降 20%	① 实际完成 19.1%
"十二五"	① 非化石能源占一次能源比重 11.4% ② 单位国内生产总值能耗 5 年累计下降 16% ③ 单位国内生产总值碳排放量 5 年累计下降 17%	① 非化石比重达 12% ② GDP 能耗下降 18.2% ③ GDP 碳强度下降 20%
"十三五"	① 非化石能源占一次能源比重 15% ② 单位国内生产总值能耗 5 年累计下降 15% ③ 单位国内生产总值碳排放量 5 年累计下降 18%	① 非化石比重达 15.9% ② GDP 能耗下降 13.2% ③ GDP 碳强度下降 18.8%

我国通过发展新能源和大力提高能源效率来促进环境质量改善与应对气候变化的协同。在经济持续保持高速增长的同时，我国环境迅速恶化的局面逐步得到了有效控制，并在 2007 年颁布了《中国应对气候变化国家方案》。尤其是党的十八大以来，中国大气环境面临严峻形势，党中央从经济发展长周期和全球政治经济的大背景出发，作出了经济发展进入新常态的重大判断，开启了我国生态文明建设和生态环境保护认识最深、力度最大、举措最实、推进最快、成效最显著的十年，成功实现了经济增长与生态环境保护、应对气候变化的协同发展。

2013—2023 年，我国的经济实力实现了历史性的跃升，国内生产总值从 54 万亿元增长到 126 万亿元，经济总量占世界经济的比例达 17.1%，提高了 5.8 个百分点，稳居世界第二位；人均国内生产总值从 39 800 元增加到 89 400 元。同时，我国还在 2020 年解决了区域性整体贫困，完成了消除绝对贫困的艰巨任务。值得注意的是，新时代以来，我国以年均 3% 的能源消费增速支撑了平均 6% 的经济增长，在实现经济快速增长、共同富裕的同时，全国环境空气质量也得到显著改善（图 3-1）。2023 年全国单位 GDP 二氧化碳排放量比 2012 年下降了 36.6%，煤炭在一次能源消费中的占比也从 68.5% 降到了 55.3%。我国可再生能源开发利用规模、新能源汽车产销量都稳居世界第一位，其中可再生能源发电装机突破 10 亿千瓦，风、光、水、生物质发电装机容量位居世界第一。我国新能源汽车的产销量已经连续多年稳居世界第一位，占比超过 50%，2023 年我国新能源汽车累计出口 120.3 万辆，同比增长率为 77.6%，占到全球新能源汽车总出口量比重超过 60%，连续 9 年位居世界第一。

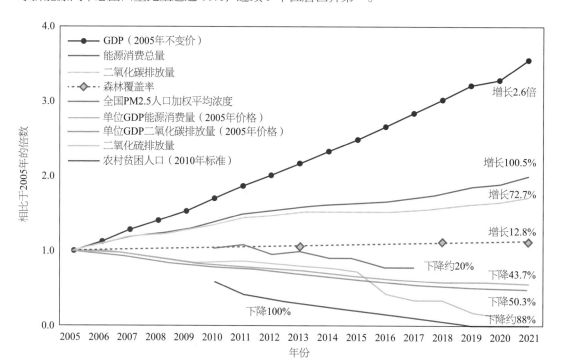

图 3-1　我国社会和经济发展的主要指标

3.1.2　中国碳达峰、碳中和的政策体系

2020 年 9 月以来，我国国家领导人先后向国际社会宣示"中国二氧化碳排放力争于 2030 年前达到峰值，努力争取 2060 年前实现碳中和""不再新建境外煤电项目"等庄严承诺。2021 年 10 月，我国正式向联合国提交《中国落实国家自主贡献成效和新目标新举措》，更新国家自主贡献目标，同期提交的《中国本世纪中叶长期温室气体低排放发展战略》进一步提出中长期战略目标。我国宣布碳达峰、碳中和目标以来，国家相关部委陆续发布政策，建立了"1+N"政策体系，将应对气候变化融入社会经济发展全局，从构建绿色低碳循环发展经济体系、提升能源利用效率、提高非化石能源消费比重、降低二氧化碳排放水平、提升生态系统碳汇能力等多方面确定了我国阶段性低碳发展目标，如表 3-2 所示。

表 3-2　碳达峰、碳中和背景下我国阶段性低碳发展目标

关 键 节 点	2025 年	2030 年	2060 年
绿色低碳循环发展经济体系	初步形成	显著成效	全面建立
提升能源利用效率	重点行业能效大幅提升	重点耗能行业国际先进水平	全行业国际先进水平
提高非化石能源消费比例	非化石能源消费占比 20% 左右	非化石能源消费占比 25% 左右，风光装机 12 亿千瓦以上	非化石能源消费占比 80% 以上
降低二氧化碳排放水平	能耗强度下降 13.5%，碳排放强度下降 18%	能耗强度大幅下降，碳排放强度下降 65% 以上，碳排放量达峰且稳中有降	碳中和目标顺利实现
提升生态系统碳汇能力	森林覆盖率 24.1%，蓄积量 180 亿立方米	森林覆盖率 25%，蓄积量 190 亿立方米	人与自然和谐共生

中国的"1+N"政策体系具有全面系统、注重落实的特点，双碳目标已被纳入经济社会发展和生态文明建设整体布局，顶层设计的各项目标通过部门、重点行业和区域进行分解，通过提出的各项行动加以落实，并出台多项措施作为保障支撑的条件。

3.1.3　中国经济社会发展趋势与展望

碳达峰、碳中和将使我国的能源、环境与社会经济发生结构性和增长范式变化，涉及生产、消费、流通和贸易等各个领域的发展方式变革与转型路径创新。与此同时，社会经济发展有其客观规律，也与它所处的历史阶段、国际环境和国内目标政策等息息相关。当前全球面临百年未有之大变局，大国博弈、俄乌冲突及新冠疫情的持续影响给我国未来社会经济发展带来了一些不确定性。在分析和比较各机构相关研究成果的基础之上，本研究对 2035 年和 2060 年两个重要时间节点的经济总量、人口、城镇化率和第二产业占比等相关社会经济指标作出综合判断。

1. 经济总量

党的十八大以来，我国经济发展进入新常态，由于新冠疫情的持续影响和俄乌冲突的爆发，我国 2022 年的经济增长受到一些负面影响，但是 GDP 的同比增长依然达到 3.0%，突破 120 万亿元。人均 GDP 达到 85 698 元，按年平均汇率折算，达到 12 741 美元，已经连续两年保持在 1.2 万美元以上。党的二十大报告指出，到 2035 年，我国发展的总体目标是经济实力、科技实力、综合国力大幅跃升，人均国内生产总值迈上新的大台阶，达到中等发达国家水平。据此，按人均收入到 2035 年比 2020 年翻一番测算，人均 GDP 将接近 23 000 美元，2020 年到 2035 年的人均收入年平均增长率将不低于 4.8%，因此本研究展望设置"十四五""十五五"和"十六五"的平均 GDP 增速分别为 5%、5% 和 4.5%。至 21 世纪中叶，我国将建设成为综合国力和国际影响力领先的社会主义现代化强国，实现中华民族的伟大复兴。2060 年是我国全面实现碳中和的时期，由于存在很大的不确定性，因此参照目前发达国家的经济增长率，本研究设置 2035 年到 2060 年我国的 GDP 增长率在 2.5% 左右。

2. 人口增长

尽管 2017 年由于两孩政策的实行，新生人口数量出现了短暂反弹，但 2017 年至 2023 年，我国出生人口已经连续七年下降。国家统计局数据显示，2023 年年末，全国人口有 14.117 5 亿，较 2021 年年末减少 293 万人，自 1962 年以来连续两年出现人口负增长。国内外一些学者认为，中国人口已经进入了人口平台期或负增长时代。随着生育政策进一步放开，以及教育、税收等配套政策的出台，未来人口负增长的趋势可能会有所缓解，但大的趋势依然会呈现波动性下降。结合相关研究，本研究设置 2035 年全国人口为 13.8 亿左右，2060 年进一步降低到 13 亿左右。

3. 城镇化率

自 20 世纪 90 年代开始到现在，我国的城镇化历经了一个快速发展的过程，从 1990 年的 26.8% 上涨到 2020 年的 60.4%，在 30 年内增长了约 34 个百分点。从国际经验看，发达经济体都经历过快速城镇化的发展阶段，城镇化达到 70% 以上时增速就会逐渐放缓，美欧、日韩等发达国家的城镇化率现已基本处于平稳阶段①。2022 年我国的城镇化率已达 65% 以上，受新冠疫情的持续影响，人口的流动受到了较大的限制，城镇化的进程也进一步减缓。加上我国的新生人口出现了大幅下降，老龄人口的比例会进一步增大，多重因素的叠加都影响了城镇化的进程。2030 年以后，我国将步入城镇化增速回落的发展阶段，城镇化进程也会随之减缓。基于此判断，本研究认为从现在开始，城镇化的增速将逐步放缓，2035 年的城镇化率为 68.5%，到 2060 年达到 77% 左右。

---

① 中国宏观经济研究院报告《"十四五"时期新型城镇化拓展投资空间的趋势和潜力》。

4. 产业结构

产业结构是影响环境质量和碳排放的重要因素。一般来说，工业部门所占的比例越高，碳排放量也会越大，污染也会更严重。20 世纪五六十年代是美欧工业增加值占比最高的阶段，目前多数发达国家经济体的工业增加值占比在 15%～20%，而德国和日本等制造强国的工业增加值占比则超过了 25%，甚至达到 30% 以上。

近十年，我国工业增加值占比呈逐步下降趋势，从 2011 年的约为 46.5% 下降到 2020 年的约为 37.8%（2017 国际美元，PPP），降幅近 9 个百分点。从供给侧来说，党的十八大以来，为了扭转环境不断恶化的局面，我国采取了环境监管措施，对工业的增长有一定的限制作用；而在需求端，随着我国人均收入的迅速增长，人们对于服务型商品的需求越来越高，从而提升了服务业 GDP 的比例。另外，我国确立双碳目标后，低碳发展已经纳入整个国家下一阶段的发展战略，加上人口总量已经开始下降及城镇化率增速也会逐步慢下来，老年人在人口结构中的比例持续上升，导致对建筑和消费的需求也会逐步回落，从而进一步减少工业增加值占比。

俄乌冲突以来，各国对于能源安全和产业链安全更为重视，我国也不例外，虽然未来我国的第二产业占比还将进一步下降，但下降的速度会较之前放慢，预测到 2035 年会降到 30% 左右，相应的第三产业比例会上升到 64%；到 2035 年第二产业比重会降到 28% 左右。我国是制造业大国，完整的产业链是我国经济安全和可持续发展的保障，参照目前制造业强国德国和日本的情况，到 2060 年第二产业比重需要保持在 25% 左右的水平，相应的第三产业占比在 72.5% 左右。

3.1.4 中国碳排放趋势

根据国家能源消费统计数据测算，我国碳排放水平一直呈上升趋势，能源相关的二氧化碳总排放量从 2005 年的 60 亿吨增长到 2020 年的 98 亿吨，如图 3-2 所示。根据公开数据测算，2021 年、2022 年和 2023 年能源相关的二氧化碳排放量分别是 102 亿、105 亿和 110 亿吨。我国碳排放总量于 2005 年超过美国成为世界最大排放国，目前相当于美国、欧盟及日本的总和。从人均角度看，2010 年我国人均碳排放量超过了世界平均水平，2020 年人均碳排放量约为 6.9 吨 CO_2，低于美国，但与欧盟水平相当。我国通过能效提升与能源结构优化调整，在二氧化碳排放控制方面取得了积极进展，碳排放量增速明显放缓，2005—2010 年的二氧化碳排放量年均增速约 6.0%，2011—2015 年降至 2.8%，2016—2020 年进一步下降至约 1.4%。

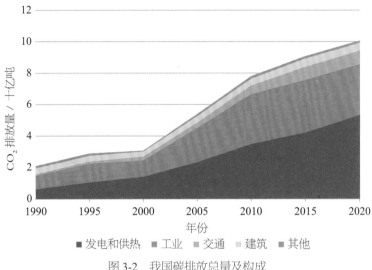

图 3-2　我国碳排放总量及构成

3.1.5　中国能源消费趋势

根据我国能源统计年鉴的数据，如图 3-3 所示，我国一次能源消费总量逐年上升，由 2010 年的 36.1 亿吨标煤升至 2022 年 54.1 亿吨标煤；能源消费结构不断优化，化石能源消费占比从 90.6% 降至 82.5%，其中煤炭消费占比从 69.2% 降至 56.2% ；非化石能源消费增长显著，非化石能源消费占比从 9.4% 上升至 17.5%。全国单位 GDP 能耗处于逐年下降状态，2012— 2021 年，单位 GDP 能耗累计降低 30%，能源利用效率显著提高。由于产业结构偏重、投资占比偏高，我国单位 GDP 能耗约为经济合作与发展组织（OECD）国家的 3 倍、世界平均水平的 1.5 倍，下降空间仍然较大。

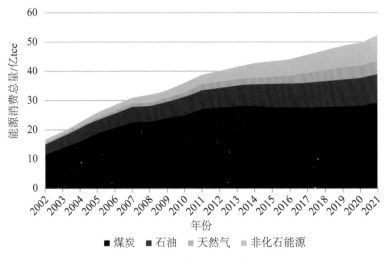

图 3-3　我国一次能源消费总量及构成

与全球主要国家类似，中国能源结构以化石能源为主。如图 3-4 所示，2020 年，全球、中国、美国、欧洲能源消费中化石能源占比分别达 83.1%、84.1%、81.7% 和 71.2%，相差不大，但从内部结构看，我国以"煤"独大，煤炭消费占比是油气的两倍；全球则以油气为主，煤炭消费量不断减少，以欧洲为代表的地区，其能源结构加快向低碳化、清洁化转型，煤炭消费占比相对较低。

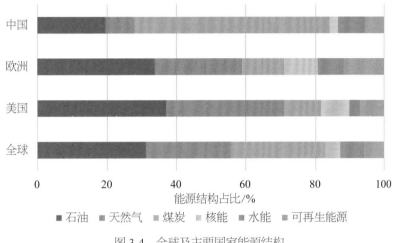

图 3-4　全球及主要国家能源结构

值得注意的是，以"富煤贫油少气"总结我国能源资源禀赋并不确切，我国煤炭、石油、天然气的人均资源拥有量分别仅为全球人均水平的 80%、8% 和 23% 左右，石油和天然气对外依存度分别达到 73% 和 45%，即使是资源相对丰富的煤炭，按照目前的生产和消费水平，我国煤炭储采比仅为 40 年左右，而全球平均储采比为 139 年。与此同时也应该注意到，丰富的可再生能源是我国资源禀赋的重要组成部分。我国可再生能源资源潜力巨大，目前已开发规模不到技术可开发资源量的十分之一。根据 BP 公司对全球各类能源资源蕴藏潜力的评估结果，2050 年全球能源资源高达 4 550 亿吨油当量，是预期需求量的 20 多倍，其中非化石能源资源量是化石能源的 10 倍左右，以中国为主的亚太地区非化石能源资源蕴藏量仅次于非洲，如图 3-5 所示[①]。因此，我国的可再生能源禀赋和开发潜力远远高于化石能源，具备支撑我国经济社会高质量发展的能源资源基础。

面向碳达峰、碳中和目标，不同研究机构对 2060 年我国实现碳中和的一次能源消费总量及能源消费结构进行了研判，如图 3-6 和图 3-7 所示。结果表明，到 2060 年，中国一次能源消费总量在 43.7 亿～69.4 亿吨标煤，平均约为 53.6 亿吨标煤。届时，煤炭消费总量降至 2.3 亿～5.46 亿吨标煤，煤、油、气及非化石能源消费占比分别在 3.9%～12.5%、0%～8.6%、2.8%～9.3%、73.4%～89.4%。

① BP Technology Outlook. 2016.

图 3-5　2015—2050 年年均全球及主要区域能源资源理论可开发量

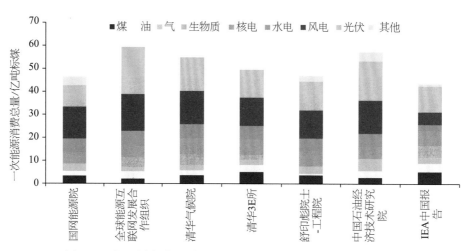

图 3-6　不同研究机构对碳中和下 2060 年一次能源总量的研究结果

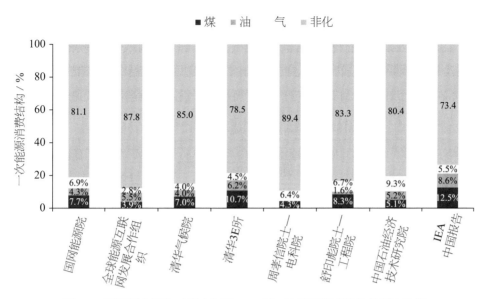

图 3-7　不同研究机构对碳中和下 2060 年一次能源消费结构的研究结果

　　总体而言，在碳中和目标下，我国能源结构转型在碳中和目标下任务艰巨，其中的原因在于，可再生能源是转型的重要方向。一是能源转型窗口期短，我国要用 30 年左右的时间实现从碳达峰到碳中和，完成全球最快、最高的碳排放强度降幅；二是产业结构转型任务艰巨，我国以第二产业为主的产业结构叠加能源效率偏低的现实导致传统产业及生产模式转型面临较大的挑战和困难；三是面临能源安全刚性约束的挑战，我国需要把握好非化石能源增长与煤炭等传统化石能源功能转变的配合节奏，在全过程中随时保证"即时"能源安全的前提下，实现长时间周期能源结构的低碳化转变。当前，煤炭等化石能源仍然是能源消费的绝对主体，在长期转型过程中，如何把握"立"与"破"的节奏与分寸，在保证能源安全、支撑经济社会平稳发展的前提下，实现能源结构的低碳转型，支撑碳达峰和碳中和目标实现，需要超凡智慧、坚定意志和艰苦卓绝的努力。

3.2　碳中和目标导向下长期减排路径分析

3.2.1　指导思想

　　党的十九大报告提出了建设社会主义现代化国家的目标、基本方略和主要任务：到 21 世纪中叶要把中国建成富强、民主、文明、和谐、美丽的社会主义现代化强国，综合国力和国际影响力世界领先，实现中华民族伟大复兴的中国梦。

　　在国际上，应对气候变化是全世界的共识。《巴黎协定》设立了不超过 2℃ 并努力控制 1.5℃ 以下的全球温升长期目标。作为负责任的大国，中国将发挥参与者、贡献者和引领者的作用，为人类福祉作出应有的贡献。

因此，我国面向碳中和目标的长期低碳转型，指导思想是，同时实现国内和国际两个目标，协同考虑近期和远期两个阶段，到 21 世纪中叶，在实现社会主义现代化强国建设目标的同时，实现与《巴黎协定》长期目标相契合的低碳排放发展路径，建成绿色、低碳、循环发展的产业体系和以非化石能源为主体的深度脱碳能源体系，实现人与自然的和谐与可持续发展。

3.2.2　情景设置与研究方法

1. 情景设置

目前碳中和的概念尚未在全球范围内形成一致定义。全球应对气候变化《巴黎协定》提出控制全球温升不超过 2℃，并努力低于 1.5℃目标，并提出"本世纪下半叶实现温室气体源的人为排放与汇的清除之间的平衡"。美国、欧盟、日本等发达国家提出的 2050 年碳中和明确指的是全部温室气体净零排放。目前国内外对于我国提出的 2060 年碳中和目标所涵盖的范围仅包括二氧化碳排放还是全部温室气体排放并不明确。为对比分析碳中和目标导向下中国的低碳转型发展路径，本研究设置了"全部温室气体中和"与"二氧化碳中和"两个情景，其内涵解读如下。

全部温室气体中和情景： 我国提出的 2060 年碳中和目标内涵应为全部温室气体的中和，与《巴黎协定》目标下的排放路径相契合，也与我国到 21 世纪中叶建成中等发达国家的定位相对称。这意味着届时残余的非二氧化碳温室气体排放与届时的自然碳汇数量相等、正负抵消，而能源系统和工业过程的二氧化碳需要实现净零排放。

中国 2060 年实现全部温室气体中和情景，就是研究和评价 2050 年基本实现二氧化碳排放中和及其他温室气体深度减排的可能性，倒逼经济社会加速低碳转型，并研究所需克服的障碍、所需的技术与政策支撑。

二氧化碳中和情景： 作为对比，本研究还设置了 2060 年二氧化碳中和情景，意味着届时剩余二氧化碳排放将与届时的自然碳汇数量相等，正负抵消，这种情景下，非二氧化碳温室气体还存在一定量的剩余排放。中国于 2060 年前实现二氧化碳中和情景，仍早于 IPCC 第六次评估报告提出的，实现全球 2℃温升目标所对应的"到 2070 年全球要实现二氧化碳净零排放"的减排要求。

两个情景的社会经济发展、能源技术成本和能效进步率等设定均保持一致，并假设在 2035 年前的碳排放轨迹保持一致，在 2035 年后根据不同的减排目标加速低碳转型。所有情景均满足表 3-2 中总结的国家低碳发展目标。未来人口、城镇化率、经济增长和产业结构的研究设置均与全书的中国长期经济社会发展展望研究结果保持一致。

2. 研究方法

本研究构建了"自上而下"与"自下而上"相结合的能源转型定量分析模型与工具，既有

"自下而上"对各部门能源消费和 CO_2 减排技术的情景分析和技术评价,又有"自上而下"宏观能源经济低碳发展目标的分解与协调。多个模型以软连接方式实现各部门分析与宏观发展目标的协调衔接。可识别技术可行与成本可负担的中国碳中和能源转型路径,为面向碳中和目标下制定能源转型时间表、路线图、技术方案等提供分析工具,并提出政策建议。

重要特别说明的是,本书后续章节展现的单独部门的结果数据和本章的综合结果略有出入,原因有二。一是因为本章是在各部门研究原始情景和数据基础上,按照"全部温室气体中和"以及"二氧化碳中和"两个情景,重新综合和平衡后形成的全国低碳转型路径的自洽结果;二是由于各部门的研究由不同研究团队在独立项目中分别完成,为忠实原研究并避免混淆,后续章节的叙述均采用了原始研究数据。

模型整体框架如图 3-8 所示。

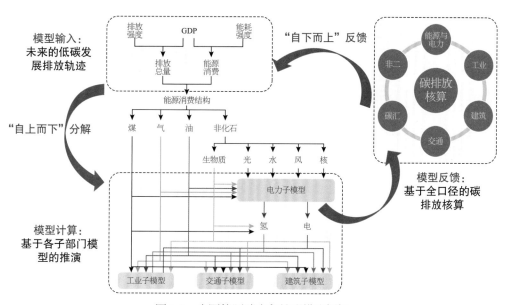

图 3-8 中国能源碳中和转型模型框架

各功能模块简介如下:

(1)能源—经济—低碳综合评估模型:考虑经济增长、产业结构调整与能源技术进步等因素对能源消费结构的影响,给定关键时间节点的低碳发展目标,考虑煤、油、气、风、光、核、水、电、氢、热等不同能源形式,构建"自上而下"基于宏观目标分解的能源消费结构评估技术。

(2)工业子模型:重点考虑包括钢铁行业、有色金属行业、石油化工行业、水泥行业等,构建自下而上的工业部门低碳转型模块,分析工业减排背后的驱动因子及发展趋势,制定工业部门中长期低碳发展路径,给出碳排放轨迹约束下的工业部门能源消费结构。

(3)建筑子模型:重点考虑包括建筑面积、供暖能耗、建筑用能等,构建自下而上的建筑部门低碳转型模块,分析建筑减排背后的驱动因子及发展趋势,制定建筑部门中长期低碳发展路径,给出碳排放轨迹约束下的建筑部门能源消费结构。

(4)交通子模型:重点考虑包括交通服务需求、交通结构、技术选择、用能结构等,考虑航运、铁路、道路、航空等不同部门，构建自下而上的交通部门低碳转型模块，分析交通减排背后的驱动因子及发展趋势，制定交通部门中长期低碳发展路径，给出碳排放轨迹约束下的交通部门能源消费结构。

（5）电力子模型：以工业、建筑、交通部门的电氢需求为边界，考虑可再生能源、煤电、燃机、水电、核电等多种发电技术，考虑不同类型储能、需求响应等灵活性技术，考虑跨区互联电网的协同互济，建立以成本最小化为目标，计及碳排放轨迹约束的长期多区域源—网—荷—储协同电力转型规划模型，制定电力部门中长期低碳发展路径，给出碳排放轨迹约束下的电力部门能源消费结构。

3.2.3　全部温室气体中和情景的低碳发展路径

根据综合模型的定量研究结果，本节分别从温室气体减排路径、能源结构低碳转型路径、终端用能低碳转型路径、电力脱碳转型路径、负碳技术发展路径、能源科技创新需求六个方面，系统梳理全部温室气体中和情景的低碳发展路径。

1. 温室气体减排路径

（1）温室气体减排路径分析

本节结合 2050 年全面建成社会主义现代化强国战略部署和 2030 年前碳达峰目标，判断我国到 2022—2060 年前的温室气体减排路径可划分为三个阶段，如图 3-9 所示。

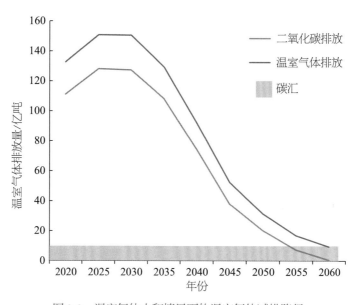

图 3-9　温室气体中和情景下的温室气体减排路径

第一阶段是当前到 2030 年，碳排放达峰期。能源相关 CO_2 排放量在 2025 年后进入峰值平台期，2030 年前实现稳定达峰，能源相关 CO_2 排放量峰值水平控制在 117 亿吨左右，含化石能源燃烧和工业过程的 CO_2 排放量峰值控制在 128 亿吨左右，全部温室气体排放量峰值（CO_2-eq）控制在 150 亿吨左右。到 2030 年单位 GDP 的 CO_2 排放量比 2005 年下降 65% 左右，实现经济增长与碳排放的绝对脱钩，确保到 2035 年 GDP 比 2020 年翻一番的情况下，碳排放量持续稳定下降。这一时期是关键的转型期和窗口期，应尽早明确碳中和战略的顶层设计和实施路径，全面部署 2030 年前的高质量达峰行动，促进有条件的省、市、地区、高耗能行业率先达峰，凝聚全社会共识，并做好前瞻性的政策、技术、资金部署。

第二阶段是 2030—2050 年，碳排放深度减排期。 碳达峰后将加速全口径范围温室气体减排，争取 2035 年实现 CO_2 排放量比峰值年份下降 15% 以上，降至约 108 亿吨；努力争取 2050 年实现 CO_2 排放量比峰值年份显著下降 80% 以上，降至约 20 亿吨，与届时世界人均 CO_2 排放量（1.0~1.5 吨）水平相当；非二氧化碳温室气体大幅减排，较峰值下降 50% 左右，为 2060 年前实现碳中和奠定坚实基础。预计这一时期，城镇化进程趋于稳定，经济将进入中低速增长阶段（年均 3.5% 左右），能源结构低碳化进程将进一步加快，零排放和负排放技术进入大规模应用阶段，年均温室气体减排量（CO_2-eq）将达到 4 亿~5 亿吨水平。这一时期需要全经济范围各个部门协同发力，稳步推动全社会公平公正转型，防范转型可能带来的化石能源资产搁浅、就业下降和经济下滑等各类风险。

第三阶段是 2050—2060 年，碳排放中和期。 实现 CO_2 进一步深度减排，加速非二氧化碳温室气体减排，力争 2060 年前实现全部温室气体碳中和。实现全部温室气体碳中和，除能源相关的 CO_2 减排外，还包括工业生产过程的 CO_2 减排、非二氧化碳温室气体减排，同时要考虑 CCS 和 BECCS 的负碳捕集量和农林业碳汇的增加量。到 2060 年，不计碳汇和 CCS 埋存量，非二氧化碳温室气体排放量将达 8.9 亿吨。2060 年的碳汇可达 9.0 亿吨，与剩余难减排非二氧化碳排放和工业生产过程 CO_2 排放抵消；CCS 捕集需求量达 19.2 亿吨，支撑能源实现净零排放。

温室气体中和情景下的温室气体排放结构如图 3-10、表 3-3 所示。

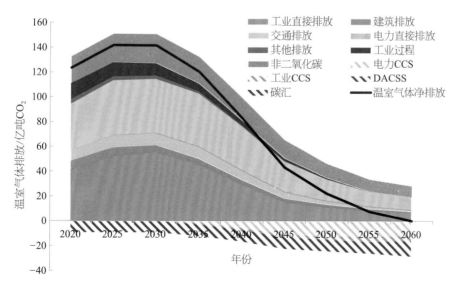

图 3-10　温室气体中和情景下的温室气体排放结构

表 3-3　温室气体中和情景下的温室气体排放结构　　　　单位：亿吨 CO₂-eq

		2020	2025	2030	2035	2040	2050	2060
① 能源相关 CO_2 排放		98.3	116.6	117.4	101.8	70.5	19.4	0.0
其中	化石能源燃烧排放量	98.3	116.6	117.4	104.5	77.6	34.3	19.2
	CCS 捕集量	0.0	0.0	0.0	−2.7	−7.1	−14.9	−19.2
② 工业过程 CO_2 排放		12.8	11.5	9.9	6.4	3.8	0.8	0.1
③ 非二氧化碳温室气体		21.6	22.7	23.3	21.2	17.8	11.1	8.9
④ 碳汇		−9.2	−9.2	−9.2	−9.2	−9.2	−9.2	−9.0
CO_2 排放小计（①＋②）		111.1	128.1	127.3	108.2	74.3	20.2	0.1
CO2 净排放（①＋②＋④）		101.9	118.9	118.1	99.0	65.1	11.0	−8.9
温室气体净排放（①＋②＋③＋④）		123.5	141.6	141.4	120.2	82.9	22.1	0.0

（2）非二氧化碳温室气体减排路径分析

非二氧化碳温室气体减排路径如图 3-11 所示。在充分挖掘各种非二氧化碳温室气体减排潜力、成本可接受的情况下，非二氧化碳温室气体排放量也努力争取在 2030 年前达到峰值，基本可与 CO_2 排放量实现同步达峰，其峰值水平维持在 23 亿吨左右。在碳中和目标下，随着退煤控制力度的加强，以及含氟气体替代进程的持续推进，非二氧化碳温室气体排放量在达峰后快速下降，预计到 2050 年较峰值下降约 50%，2060 年较峰值下降约 65%。

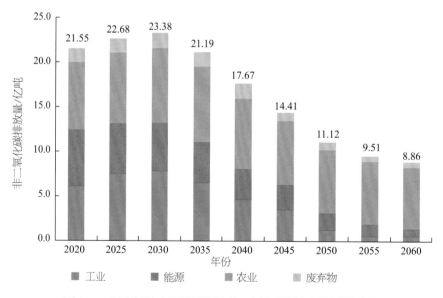

图 3-11　温室气体中和情景下的非二氧化碳温室气体减排路径

由于非二氧化碳温室气体初期的减排成本较低，存在较多成本有效的减排技术，因此发达国家在第一承诺期间，其减排目标大约有 1/3 是依靠非二氧化碳减排来实现的。非二氧化碳温室气体边际成本在达到一定减排程度（40%~60%）时会呈现陡峭上升的趋势，导致非二氧化碳温室气体实现深度减排的挑战巨大，预计 2030 年后，随二氧化碳的大幅快速减排，非二氧化碳温室气体排放占总温室气体排放的比例将会上升，成为重要的难减排领域和部门，因此需要超前部署突破性非二氧化碳减排技术的研发，积极开展国际合作。

（3）各部门统筹有序依次实现碳达峰、碳中和

碳达峰阶段，建筑、交通、电力与工业部门将依次达峰，见图 3-12。对于建筑部门，在合理规划与引导建筑用能需求的同时，加快推动建筑节能和电气化应用，总碳排放量预计在 2025 年前后达峰；对于交通部门，新能源汽车快速发展下，直接碳排放量预计"十五五"时期达峰，但若计及电力间接排放，预计在 2035 年前后达峰；对于工业部门，通过深化工业供给侧结构性改革，主要高耗能产品产量达峰并有所下降，直接碳排放预计在 2030 年前后达峰，受益于电气化水平不断提高与新能源的快速发展，总碳排放预计在"十五五"时期达峰；对于电力部门，虽然新能源发展迅速，但由于电力需求增长较快，发电用煤保持高位，煤炭消费始终处于平台期，碳排放量预计在"十五五"时期达峰。碳深度减排和碳中和阶段，电力将成为负排放部门，工业则是减排难度较大的部门。2060 年，电力部门负排放约 1.7 亿吨 CO_2（考虑了 CCS 的抵消作用），终端部门难减排 CO_2 剩余 5.1 亿吨 CO_2，其中工业剩余排放量 3.3 亿吨 CO_2（考虑了 CCS 的抵消作用），交通部门剩余 1.3 亿吨 CO_2，建筑部门剩余 0.5 亿吨 CO_2，如表 3-4 所示。因此实现能源系统的净零排放，需要应用直接空气碳捕集技术（DACCS）捕集 3.4 亿吨 CO_2，将能基本抵消交通、建筑和其他部门的剩余排放量。

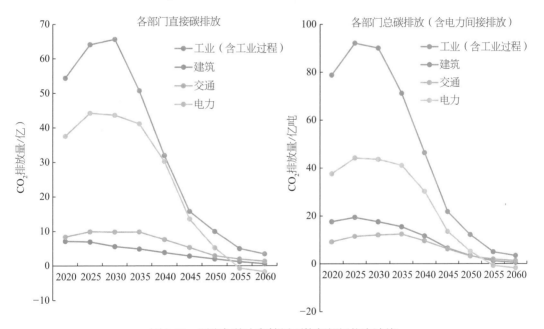

图 3-12　温室气体中和情景下的各部门依次达峰

注：终端部门考虑电力间接排放。

表 3-4　温室气体中和情景下的能源碳排放情况　　　　单位：亿吨 CO_2-eq

部门	2020	2025	2030	2035	2040	2050	2060
工业（含 CCS）	41.6	52.5	55.7	44.3	28.1	9.1	3.3
建筑	7.1	6.9	5.56	4.87	3.8	2.0	0.6
交通	8.3	9.9	9.8	9.8	7.6	2.9	1.3

部门	2020	2025	2030	2035	2040	2050	2060
电力（含 CCS）	37.6	44.2	43.6	41.1	30.2	5.2	−1.7
其他	3.7	3.1	2.7	1.7	0.8	0.3	0.0
DACCS	0.0	0.0	0.0	0.0	0.0	0.0	−3.4
总计	98.3	116.6	117.4	101.8	70.5	19.4	0.0

2. 能源结构低碳转型路径

能源领域清洁转型是在保障能源供应的同时减排二氧化碳的关键对策。实现碳中和目标需要建成以非化石能源为主体的清洁能源体系，在大力节能和改善能源结构的同时，加强电力在终端能源消费中对化石能源的替代。能源系统低碳转型需要立足我国国情和资源禀赋，坚决贯彻"先立后破"的发展理念，加快推进化石能源与新能源融合发展，能源消费结构由以煤炭为主，石油、天然气、非化石能源为辅的"一大三小"向以煤炭、石油、天然气为辅，非化石能源为主的"三小一大"转型，构建清洁低碳、安全高效的新型能源体系，支撑我国如期实现碳达峰、碳中和，由能源大国转变为能源强国。

（1）能源结构低碳转型路径

针对温室气体中和情景，我国能源消费与碳排放低碳转型路径总结如下（见图 3-13 和表 3-5）。当前到 2030 年，能源结构优化有序推进，新增能源消费需求主要由非化石能源满足。严控"十四五"期间的煤炭消费，"十五五"期间实现煤炭消费稳中有降，到 2030 年煤炭消费占比降到 46%。油、气发挥过渡"桥梁"作用，保障能源安全转型。石油消费在 2025 年前后达峰，到 2030 年的占比降至 16% 左右。天然气需求量稳步上升，到 2030 年在一次能源消费中占比约 9.4%，气、电作为灵活性电源支撑可再生能源发展。在保障能源安全和平稳转型的前提下，大力发展可再生能源，坚持集中式与分布式并举，到 2025 和 2030 年，非化石能源在一次能源消费中的占比分别达到 22% 和 29% 左右。

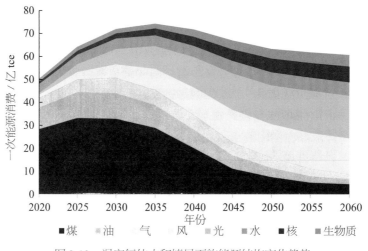

图 3-13　温室气体中和情景下的能源结构变化趋势

2030—2050 年，能源结构低碳化加速变革，全面建成以非化石能源为主体的清洁能源体系。2035 年，我国基本实现社会主义现代化，一次能源消费总量预计为 74.3 亿吨标煤，煤炭、石油、天然气消费占比分别约为 39%、13%、9%，非化石能源消费占比达到约 39%。到 2050 年，在建成社会主义现代化强国的同时，实现经济增长与能源消费脱钩。煤炭、石油、天然气在一次能源中的占比分别降至 12%、6% 和 7% 左右，非化石能源占比提升到约 75%。

表 3-5　温室气体中和情景下的核心指标

项目（单位）		2005	2020	2025	2030	2035	2040	2050	2060
GDP 年增长率（%）		\	5.7	5.5	5.0	4.5	4.0	3.0	2.5
能源消费量（亿 tce）		26.1	50.4	64.3	72.0	74.3	71.8	63.5	60.8
能源结构	煤炭（%）	72.4	56.3	51.7	45.7	38.9	28.1	12.0	7.4
	石油（%）	17.8	18.6	17.5	15.5	13.3	11.1	6.3	3.6
	天然气（%）	2.4	8.3	8.7	9.0	9.0	9.0	7.2	3.6
	非化石（%）	7.4	16.8	22.1	29.4	38.8	51.8	74.5	85.4
能源相关 CO_2 排放量（亿 tCO_2）		60.7	98.3	116.6	117.4	101.8	70.5	19.4	0.0
单位 GDP 能耗年下降率（%/ 年）		\	2.5	0.5	2.6	3.7	4.5	4.0	2.8
单位 GDP 碳排放年下降率（%/ 年）		\	4.5	1.9	4.6	7.0	10.7	14.2	\
单位 GDP 碳排放相比 2005 年下降幅度（%）		\	50.8	55.4	64.8	75.5	86.1	97.2	100.0

2050—2060 年，能源结构深度优化减排，充分发挥负碳排放技术作用，在保障能源系统安全的前提下，进一步推进能源系统深度去碳化，全面建成清洁低碳、安全高效的新型能源体系，非化石能源消费占比达到 80% 以上。煤炭消费占比持续降至约 7%。石油仍将在民航、水运等较难实现替代的领域发挥一定作用，在化工领域将由燃料逐步转向原料，到 2060 年石油消费占比约 4%。天然气消费占比持续降至约 4%。

（2）分类型能源发展战略路径

煤炭立足国情，发挥保驾护航作用，保障能源安全。煤炭是化石能源中含碳量最高的燃料，在碳中和目标倒逼下，煤炭消费量占比逐渐下降，且在能源结构中的份额大幅减少。预计在"十四五"期间，煤炭消费总量受到严格控制，但电力需求增长较快，发电用煤保持高位，煤炭消费始终处于平台；"十五五"期间，煤炭消费稳中有降，2030 年煤炭消费占比降至约 46%，低于 50%；2030 年后随着发电用煤减少，煤炭需求快速下降，2035 年煤炭消费占比至 39%；2050 年进一步降至 12%，2060 年保持在 10% 以下，如图 3-14 所示。但煤电最终以多大规模作为战略备用电源为可再生能源保驾护航尚具有不确定性，这主要取决于间歇性可再生能源稳定运行技术和跨季节长周期储能技术的发展、CCS 技术的推广应用情况，以及经济社会对转型成本的可承受程度。

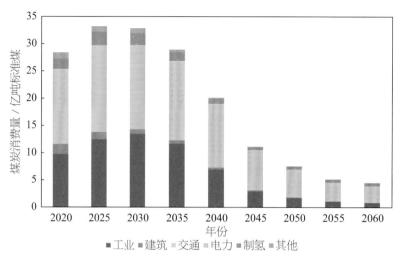

图 3-14　温室气体中和情景下的煤炭消费趋势

石油消费在 2030 年前处于峰值平台期，未来逐渐转向原料利用。化石能源在未来一段时期内仍是我国能源供应的主体，我国的能源转型需坚持"先立后破"的原则，优先稳定化石能源供应，面向中长期，大力发展可再生能源，逐渐摆脱对进口油气能源的过度依赖。对于石油消费，随着交通电气化发展，石油需求"十五五"时期将进入峰值平台期，石油消费量预计在 2025 年前后达峰；2030 年后，伴随交通电气化水平提升，石油消费将逐渐下降，石油消费占比将由 2030 年的 15.5% 降至 2050 年的 6.3%；石油远期仍将在民航、水运领域发挥难以替代的作用，化工用油成为石油消费主力，石油消费将由燃料逐步转向原料利用，2060 年石油消费占比预计将降至 3.6%，如图 3-15 所示。

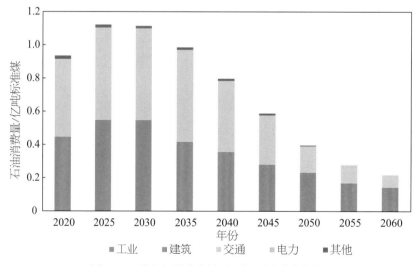

图 3-15　温室气体中和情景下的石油消费趋势

天然气将发挥过渡"桥梁"作用，促进能源安全转型。天然气作为一种稳定、灵活的低碳化石能源，在供应端和消费端具有比较优势，可作为过渡能源发挥过渡"桥梁"作用，保障

能源安全转型。一方面，天然气化工的原料属性日渐凸显；另一方面，气电作为灵活性电源
为可再生能源发展提供支撑。在 2035 年前，天然气需求量稳步上升，以工业燃料和天然气发电
增长为主，预计在 2040 年前消费达峰，2040 年后天然气消费平稳下降。天然气占一次能源需
求比例长期稳定在 9%，2045 年后逐渐下降，2060 年降至 4% 左右，如图 3-16 所示。

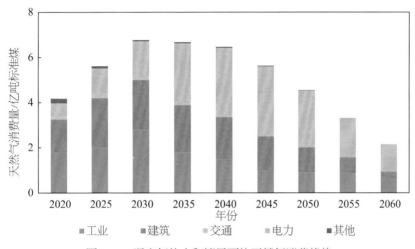

图 3-16　温室气体中和情景下的天然气消费趋势

新能源成为引领能源系统向绿色低碳转型的重要驱动。可再生能源和新型电力系统技术
被广泛认为是引领全球能源向绿色低碳转型的关键。我国风电、光伏发电技术总体处于国际
先进水平，大力发展以风能、太阳能为代表的新能源电力，建设新型电力系统，促进高比例
可再生能源并网消纳，提高终端电气化率，是我国能源系统实现碳中和目标的根本路径。如
图 3-17 所示，预计到 2030 年，非化石消费占比将达 29% 左右，以风电、光伏发电为代表的
新能源发电装机将达到 31 亿千瓦左右，在电力装机中占比达到 59% 左右，发电量占比达到
33% 左右；到 2060 年，非化石消费占比将达 80% 以上，风电、光伏发电的装机容量将超过
90 亿千瓦，发电量占比将突破 65%。

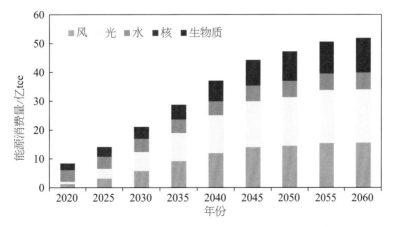

图 3-17　温室气体中和情景下的非化石能源消费趋势

积极安全有序发展核电，核能多元化应用成为能源科技创新重要方向。核能具有高效、清洁、安全、经济、储量丰富等优点，可以弥补水能、风能、太阳能等其他可再生能源受自然禀赋限制且稳定性不足的缺点。不少欧美国家将核电定位为稳定的零碳电源，并予以重点关注。"小型化、智能化、多功能化"是目前全球核能产业技术开发的方向。我国核能利用的主要技术和安全性能指标达到世界先进水平，在确保安全的前提下，未来要积极有序推动沿海核电项目建设、积极推动核电企业在非电领域的技术研发与应用，特别是核能余电制氢、清洁采暖、工业供汽等技术方向。积极推动核电从"单一供电"模式向"多样化、综合性"模式转变。预计核能占一次能源的需求比例将长期有序稳步增长，到 2050 年保持在 10% 左右。此外，近年来，核聚变技术取得了新的突破，可控核聚变突破 100 秒。可控核聚变作为颠覆性代际创新技术，如果率先实现商业化应用，将可能引领新的"清洁能源与工业革命"，一举解决碳中和问题。

氢能成为全球最具发展潜力的非电零碳清洁能源载体。氢能是一种高效、清洁、灵活且应用场景广泛的非电能源载体，氢能产业发展对推动我国能源转型和经济"脱碳"意义重大。美国、欧盟和日本均制定了氢能的国家战略，根据氢能高能量密度、清洁环保和多样化应用的三个重要特点，明确指出氢能未来发展的三个重要方向：一是氢能作为一种能源形式，可在氢基交通和作为未来合成动力燃料方面进行利用；二是氢能作为一种能量储存器，可以根据供给需求灵活地储存可再生能源，并起到平衡供求关系的作用，从而使氢能作为能源转型的一个重要基石；三是氢能作为不同能源行业耦合的一个重要媒介，在难以电气化的环节中，"绿氢"及其衍生产品是很多工业部门脱碳的重要途径。由于计算口径与技术经济性预测不同，不同研究机构对中国 2060 年氢能消费需求的预测存在很大的差异，介于 3 000 万～1.2 亿吨。如图 3-18 所示，根据本情景的预测结果，终端部门氢能消费需求到 2030 年将达到 4 800 万吨（即 2.4 亿吨标煤），到 2060 年将增加至 8 600 万吨（即 4.2 亿吨标煤），占终端能源消费的比例在 14% 左右，且近 75% 是电解制氢。

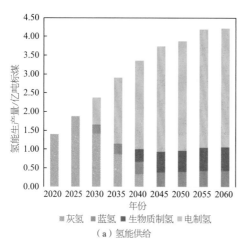

（a）氢能供给

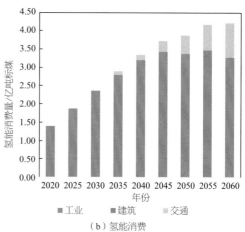

（b）氢能消费

图 3-18 温室气体中和情景下氢能供需趋势

生物质能作为资源有限的非电零碳燃料，需最大化价值合理利用。在零碳能源经济体系中，生物质既可以作为零碳能源，又可以作为零碳原料。中国潜在的可持续生物质资源供应最多可达到每年 10 亿 tce，如果资源得到可持续开发并采用高效率的技术，那么生物能源具有减少温室气体排放的显著潜力。未来在供应有限的情况下，生物质能源可优先应用于航空、船运、化工原料和发电；与其他脱碳路线相比，生物质的经济性较差，因此相关政策支持对于推动生物质能的发展及其经济性的提高至关重要。如图 3-19 所示，根据本情景预测结果，2060 年生物质利用消费量为 5 亿 tce，其中生物质制零碳燃料，包括生物质制氢、生物燃油、生物质制气等，在建筑、交通和制氢领域利用占比为 34.5%；作为负碳排放技术，生物质发电为电力行业提供负碳排放，利用占比为 34.4%；作为零碳原料，在工业领域利用占比为 31.1%。

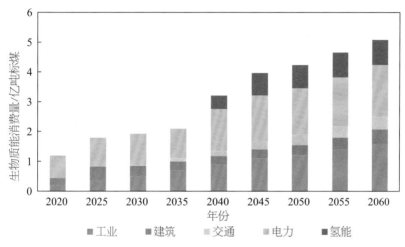

图 3-19　温室气体中和情景下的生物质能源消费趋势

3. 终端用能低碳转型路径

（1）终端用能结构低碳转型路径

　　2020 年中国终端能源供应仍然以化石能源为主，终端能源消费中，工业、建筑、交通和其他部门占比分别为 64%、16%、14% 和 6%，电力在终端能源消费中的占比仅为 25%，化石能源直接利用占比达 72%。实现终端能源低碳消费，需要在大力节能的同时，加强电力在终端能源消费中对化石能源的替代，不断提升电力在一次能源消费中的比例，为可再生能源电力快速发展提供空间。全部温室气体中和目标情景下，如图 3-20 所示，到 2030 年，电力在终端能源消费中的占比将提升至 30%，非化石能源电力在总电量中的占比将达约 54%。到 2050 年，电力占终端能源消费的比例将达 57%，终端部门化石能源直接消费的比例将大幅降至 25%，氢能及生物质等零碳能源直接消费占比为 18%。到 2060 年，电力占终端能源消费的比例将达约为 64%，非化石能源电力在总电量中占比将达 90% 以上，终端部门能源消费总量将比 2020 年下降 20%，工业、建筑和交通部门的电气化率将分别达到 55%、89% 和 44%。

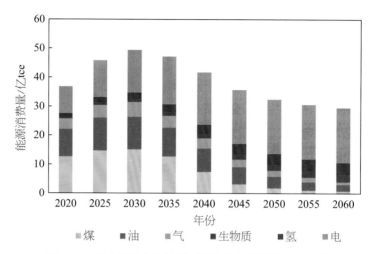

图 3-20　温室气体中和情景下的终端用能结构变化趋势

（2）各部门的电气化程度分析

对于工业部门，重点的高耗能行业，如钢铁行业在目前的电能消费占比为 12%，煤炭占比 85% 以上，以长流程炼钢为主，电气化进程中将推广主要耗电的短流程炼钢技术，2060 年电气化水平提升至接近 45%；化工行业目前的电气化水平约 10%，原料高度依赖化石能源，电气化难度较大，通过推广电锅炉等设备，2060 年电气化有望达到 35%；建材行业目前的电气化水平约 10%，通过利用电窑炉替代燃煤炉，2060 年电气化率可达 40%；有色金属行业目前的电气化率已达 50%，未来随着电冶炼技术的推广，预期到 2060 年电气化率可达 80%；其他行业如造纸业、纺织业、电子信息产业等，未来电气化都预期超过 90%。未来工业领域的用电需求将从当前的 4.9 万亿千瓦时提升至 7.7 万亿千瓦时。

对于建筑部门，建筑能源主要用于供暖、制冷、炊事、照明、生活热水及其他家用电器。通过推广电厨炊设备、使用高效节能电器等，2060 年，采暖、热水、炊事领域可实现 65% 以上的电气化；照明、生活热水及其他家用电器基本实现 100% 的电气化。除了电气化外，建筑领域可依靠其他绿色低碳技术进行节能减排，通过改善围护结构与材料，发展被动房技术，降低单位面积能耗等方式，实现绿色建筑。利用高效热泵、分布式能源等实现低碳建筑供暖。未来建筑领域的用电需求将从当前的 2.1 万亿千瓦时提升至 5.5 万亿千瓦时。

对于交通部门，铁路与道路运输将通过电力驱动代替内燃机驱动，具有实现高度电气化的潜力。城市交通可通过增加轨道交通、电动车和电动自行车，来代替燃油汽车、摩托车。2060 年，公路和铁路领域电气化率将分别达到 70% 和 95%。水上、航空、管道运输受限于运输方式的特殊性，较难实现较高的电气化水平。未来交通领域的用电需求将从当前的 0.2 万亿千瓦时提升至 1.3 万亿千瓦时。

温室气体中和情景下的各部门电气化率水平及用电量如表 3-6 所示。

表 3-6 温室气体中和情景下的各部门电气化率水平及用电量

年份		2020	2030	2035	2050	2060
各部门电气化率	工业	25.3%	26.3%	31.0%	50.5%	54.9%
	建筑	42.4%	56.3%	62.2%	80.6%	88.8%
	交通	3.7%	12.3%	16.9%	38.9%	43.7%
终端电气化率		25.1%	29.5%	34.8%	57.6%	63.6%
终端各部门用电量（万亿千瓦时）	工业	4.9	7.2	7.7	8.0	7.7
	建筑	2.1	3.5	4.0	5.2	5.5
	交通	0.2	0.7	1.0	1.3	1.3
	其他	0.4	0.6	0.6	0.7	0.7
	电制氢	0.0	0.9	2.2	3.1	3.4
终端用电总量（万亿千瓦时）		7.5	12.8	15.5	18.3	18.7

（3）各部门的低碳转型路径

对于**工业部门**，为促使工业部门碳排放量在 2030 年前达峰，中国需要深化工业供给侧结构性改革，普及先进节能技术和设备，稳步提升电气化和清洁能源利用水平。从中长期来看，随着现有技术的减排潜力相对收窄，中国需要加强工业能源技术创新和工艺革新；同时，广泛推广电能替代，将电气化率从 2020 年的 25% 左右提高到 2060 年的 55% 左右；采用氢能、生物燃料等作为燃料或原料的革命性工艺路线，力争到 2060 年氢能使用率达到 19% 左右，并对于仍使用化石燃料的工艺加装工业碳捕捉（CCS）技术；通过智能制造和大数据精细化管理等手段提高综合效率；积极发展循环经济，减少原生资源路线的工业产品产量。

对于**建筑部门**，为促进建筑部门的二氧化碳排放量尽早达峰并实现在"十五五"时期达峰，中国不仅需要合理引导居民生活方式与用能行为模式，还应适宜布局与稳健发展各项建筑技术，并稳步推进电气化。在建筑部门碳达峰之后需要更加严格控制建筑面积，引导居民生活方式与行为方式低碳化，持续提升建筑性能与设备能效，以及通过大幅提高电气化率等方式，控制合理人均建筑能耗需求，实现 2050 年近零排放。具体而言，一是控制建筑规模，通过优化区域布局与建筑设计，将建筑总量控制在不超过 800 亿平方米；二是提升建筑运行终端能耗电气化水平，城镇全面实现电力化，农村以电气化为主，辅以生物质高效利用，推动光伏建筑一体化等技术；三是发展低品位余热利用技术，充分利用余热为建筑供暖；四是通过提高技术水平降低整体能源消耗。

对于**交通部门**，为实现交通部门的二氧化碳排放量在"十五五"时期达峰，中国将不断提升低碳交通工具和低碳出行方式比例，且达峰后将持续通过加快电动化和氢能应用等低碳路径以实现 2050—2060 年极低排放。具体而言，一是发展集约化与智能化交通，优化交通运输结构，提升技术水平和能耗效率；二是合理控制汽车保有量，规模应不超过 6 亿辆；三是加快电动化和氢能应用，大幅替代现有的交通成品油消费，铁路客货运和船舶停靠港口期间，船上作业接近实现全面电动化，电动汽车占乘用车保有量的比例提高到 90% 以上；四是航空航海交通中大量推广生物燃料和氢基燃料。

4. 电力脱碳转型路径

终端能源消费电气化、以可再生能源电力和核电制氢，都将使电力需求大幅增长。与 2020 年相比，2060 年碳中和情景的电力需求将增加 2.5 倍。电力系统深度脱碳需要构建以新能源为主体的新型电力系统。针对温室气体中和情景，电力系统实现 2030 年前碳达峰和 2060 年负碳排放，其脱碳转型路径总结如下（图 3-21）。

2022—2030 年，电力碳排放努力争取实现 2030 年前达峰，然后快速下降。随着终端部门电气化进程快速推进，电力需求将持续增长，预计 2030 年达 12.8 万亿千瓦时。由于新增电力需求主要由清洁能源满足，水电和核电将保持较快发展；2030 年风光发电装机将达到 31 亿千瓦左右，年均新增 3 亿千瓦。这一时期将主要依靠火电灵活性改造和跨区互联互济提供灵活性，支撑大规模风、光发电装机并网消纳。煤电的功能与定位发生转变，部分机组将从支撑电网系统的基荷机组转为发挥系统电力平衡和调节支撑功能的灵活性机组。煤电发展将经历"增容控量"和"保容减量"两个发展阶段，装机容量预计在 2025 年前后达峰，峰值为 13 亿千瓦左右。气电作为调峰电源，装机规模与发电量占比将持续增加。

2030—2050 年，电力系统碳排放持续快速下降。终端部门电气化率持续提升，加之以绿色电力制氢，都将使得电力需求持续增长，预计 2050 年约达 18.3 万亿 kWh。这一时期需要不断加大清洁电力发展的力度，同时加强存量煤电机组的灵活性功能转变、CCUS 改造、自然退役及部分机组的有序退出，大力开展储能等灵活性电源建设，全面建成以新能源为主体的新型电力系统。预计到 2050 年，风光发电装机快速增长达到约 83.3 亿千瓦，发电量占比升至约 60%。为了提供足够的灵活性，支撑电网消纳高比例新能源，储能技术与用户需求响应技术将得到大规模应用。储能容量需求将高达 11 亿千瓦以上。火电机组仍保留一定装机容量，发挥电力调节与备用功能，保障电力供应安全。未来可以保留的煤电容量将在很大程度上取决于 CCUS 技术及负排放生物质能碳捕集（BECCS）技术的发展和应用。

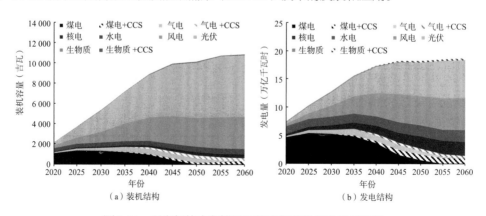

图 3-21　温室气体中和情景下的电源装机与发电量结构

　　2050—2060 年，电力系统持续提升清洁电力占比和加强负碳排放技术应用，为实现碳中和提供负排放。 电力需求进入饱和阶段，非化石能源发电占比进一步提升达到 90% 以上，仅余部分火电供电力支撑与安全备用，见表 3-7。电力智能化与数字化水平不断提升，与建筑、工业、交通等终端部门深度融合，建成清洁智慧的未来能源互联网，支撑高质量经济发展。

表 3-7　温室气体中和情景下的电力脱碳转型阶段目标

年份	总装机容量（吉瓦）	装机结构比重			总发电量（万亿 kWh）	电量结构比重		
		非化石	风光	煤电		非化石	风光	煤电
2020	2 162	47%	25%	50%	7.62	36%	10%	61%
2030	5 355	71%	59%	25%	12.99	～50%	～30%	～40%
2060	10 882	>90%	>85%	<5%	18.98	93%	65%	5%

5. CCUS 及碳移除技术发展路径

（1）碳中和目标下的碳捕集技术需求与发展路径

　　碳中和目标要求实现以非化石能源为主的零碳能源系统以及经济发展与碳排放脱钩。碳捕集、利用与封存（CCUS）技术作为实现碳中和目标技术组合的重要组成，不仅是电力行业保留化石能源利用以保证系统安全稳定运行的重要技术手段，而且是钢铁水泥等难减排行业的可行技术方案。此外，被称作碳移除技术的生物质能源碳捕集及封存（BECCS）以及直接空气碳捕集（DAC），还是抵消无法削减的碳排放、实现碳中和目标的托底技术保障。

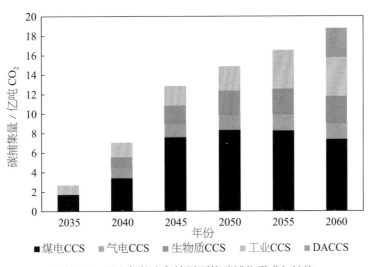

图 3-22　温室气体中和情景下的碳捕集需求与结构

　　从实现碳中和目标的减排需求来看，根据本研究温室气体碳中和情景的计算结果估计，自 2035 年起，我国将逐步推进 CCUS 和碳移除技术的应用，该年的碳捕集量预计达到 2.7 亿吨 CO_2 左右。到 2050 年和 2060 年，CCUS 碳捕集量分别为 15 亿吨 CO_2 和 19.2 亿吨 CO_2。

对于电力部门，2035 年煤电 CCS 预计将捕集 1.7 亿吨 CO_2，此后随着火电 CCS 技术的规模化应用，碳捕集量不断上升。2060 年，煤电 CCS 预计将捕集 7.36 亿吨 CO_2，气电 CCS 捕集 1.68 亿吨，生物质 CCS 捕集 2.74 亿吨 CO_2。对于工业部门，碳捕集技术将在钢铁、水泥、化工等领域逐渐实现规模化应用，2035 年捕集 1 亿吨 CO_2，2060 年增加至 4 亿吨 CO_2。直接空气碳捕集与封存（DACCS）技术作为兜底将在 2060 年前后开始实现规模化应用，为实现温室气体排放中和，2060 年需要采用 DACCS 完成的碳移除量为 3.4 亿吨 CO_2（见图 3-22）。

（2）碳汇发展路径与潜力评估

碳汇是森林、土壤、岩石、湿地等载体吸收并储存二氧化碳形成的一种可交易生态产品，主要包括林业碳汇（森林、草地、湿地、荒漠等碳汇）及海洋碳汇。当前对于碳汇潜力的评估与总体可用能力的判断，从几亿吨到几十亿吨不等，差异很大，难点问题集中体现在：核算体系不健全，核算生态系统碳储量和碳汇量存在一定的不确定性。对于林业碳汇，预计至 2035 年，森林覆盖率达到 26%，2035 年后进一步提升至 28%；对于海洋碳汇，根据不同区域的资源禀赋，因地制宜推进多营养层次综合养殖模式的产业化推广，研究和应用生态修复技术与生态补偿机制，扩增海洋碳汇。考虑到碳汇评估量的不确定性，本研究中碳汇设定如表 3-8 所示。

表 3-8　碳中和目标下的碳汇量设定　　　　　　　　　　　单位：亿吨 CO_2-eq

年份	2020	2025	2030	2035	2040	2045	2050	2060
碳汇	9.2	9.2	9.2	9.2	9.2	9.2	9.2	9.00

6. 能源科技创新需求

中国实现碳中和的技术路径将高度依赖节能和提高能效、建立以非化石为主体的能源供给体系、终端部门电气化、非二氧化碳温室气体减排技术、工艺革新、碳捕集和封存（CCS）技术和负排放技术（二氧化碳移除，CDR）、综合集成等相关技术，各部门关键技术需求总结如表 3-9 所示。

表 3-9　各部门关键技术部署

电力部门	工业部门	建筑部门	交通部门	农业部门	零排放和负排放技术
煤电灵活性改造、提高煤电能效、加装 CCS 设施	节能和提高能效	提升建筑性能	轻型短途汽车：电动技术和配套设施	保护耕地面积	加装 CCS 设施与能源和工业部门深度融合
降低可再生能源发电成本	电能替代	高效设备系统	重型长途汽车：氢能、燃料电池、生物燃料	土地管理增加土壤有机酸	BECCS、PBECCS
应用新一代核能发电技术	工艺革新	推广电能替代	铁路：全面电气化	畜牧业燃料技术	DACCS、SRM、海洋施肥技术等

续表

电力部门	工业部门	建筑部门	交通部门	农业部门	零排放和负排放技术
氢能、燃料电池、储能技术研发	加装CCS设施	余热供暖	航空航母：电、氢、氨、生物燃料	施肥管理技术	
智能电网技术	氢能和生物燃料	光伏建筑一体化与建筑负荷柔性化		节水节能灌溉	
综合能源服务体系					

能源技术开发有四个主要阶段：原型、示范、早期采用和成熟。能源技术在规模、上市时间、消费者价值或所有者类型方面并不统一。国际能源署（IEA）的研究表明，实现全球碳中和所需的减排贡献占比一半的能源技术尚未成熟或者市场化，因此也无法大规模部署使用，特别是在重工业和长途运输等难以脱碳的行业。

3.2.4 二氧化碳中和情景的低碳发展路径

1. 二氧化碳中和目标导向下长期减排路径分析

二氧化碳中和与全部温室气体中和目标导向下的 CO_2 减排路径对比如图 3-23 所示，两者 2035 年前的碳排放轨迹保持一致，在 2035 年后根据不同的减排目标加速低碳转型。相比全部温室气体中和情景，在二氧化碳中和目标导向下（表 3-10），2060 年能源相关 CO_2 排放量相比峰值减排 81%，剩余约 22 亿吨，使用 CCS 装置捕集 13 亿吨左右，能源部门仍剩余约 8.9 亿吨碳排放。非二氧化碳排放量在达峰后也需要快速下降，至 2060 年比峰值下降 50% 左右。

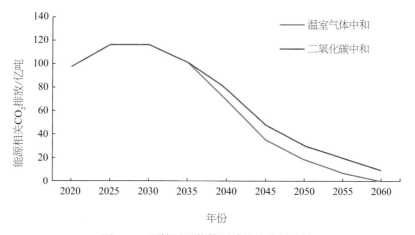

图 3-23 两情景下的能源碳排放路径比较

表 3-10　二氧化碳中和情景下的温室气体排放结构　　　　单位：亿吨 CO_2-eq

		2020	2025	2030	2035	2040	2050	2060
① 能源相关 CO_2 排放		98.3	116.6	117.4	101.8	79.2	30.7	8.9
其中	化石能源燃烧排放量	98.3	116.6	117.4	104.5	85.4	42.2	22.1
	CCS 捕集量	0.0	0.0	0.0	−2.7	−6.2	−11.5	−13.2
② 工业过程 CO_2 排放		12.8	11.5	9.9	6.4	3.8	0.8	0.1
③ 非二氧化碳温室气体		21.6	22.7	23.3	21.2	17.8	14.4	11.1
④ 碳汇		−9.2	−9.2	−9.2	−9.2	−9.2	−9.2	−9.0
CO_2 排放小计（①＋②）		111.1	128.1	127.3	108.2	83.0	31.5	9.0
CO2 净排放（①＋②＋④）		101.9	118.9	118.1	99.0	73.8	22.3	0.0
温室气体净排放（①＋②＋③＋④）		123.5	141.6	141.4	120.2	91.6	36.8	11.1

实现碳中和阶段的 2060 年，电力部门实现净零排放，能源相关 CO_2 排放剩余 8.9 亿吨，其中工业剩余排放 5.8 亿吨 CO_2，交通部门剩余 1.9 亿吨 CO_2，建筑部门剩余 1.2 亿吨 CO_2，见表 3-11。

表 3-11　二氧化碳中和情景下的各部门碳排放情况　　　　单位：亿吨 CO_2

		2020	2030	2035	2040	2050	2060
能源净排放		98.3	117.4	101.8	79.2	30.7	8.9
其中	工业（含 CCS）	41.6	55.1	44.3	34.3	13.6	5.8
	建筑	7.1	5.6	4.9	4.3	2.8	1.2
	交通	8.3	9.8	9.8	7.8	3.8	1.9
	电力（含 CCS）	37.6	43.6	41.1	31.8	10.2	0.0
	其他	3.7	2.7	1.7	0.8	0.3	0.0

2. 二氧化碳中和与温室气体中和目标的减排路径对比

与二氧化碳中和情景相比，若要 2060 年实现全部温室气体排放中和目标情景，各部门都需要作出额外的大幅减排努力。表 3-12 总结对比了二氧化碳中和与温室气体中和目标的减排路径的差异。

表 3-12　二氧化碳中和与温室气体中和目标的减排路径对比

类别		2035 年	二氧化碳中和		温室气体中和	
			2050 年	2060 年	2050 年	2060 年
能源消费量（亿 tce）		74.3	65.2	60.4	63.5	60.8
能源结构	煤炭（%）	38.9	14.6	7.6	12.0	7.4
	石油（%）	13.3	7.6	4.6	6.3	3.6
	天然气（%）	9.0	8.2	5.4	7.2	3.5
	非化石能源（%）	38.8	69.6	82.4	74.5	85.4

续表

类别		2035 年	二氧化碳中和		温室气体中和	
			2050 年	2060 年	2050 年	2060 年
CO_2 排放量（亿吨）		108.2	31.5	9.0	20.2	0.1
二氧化碳排放结构（亿吨）	能源净排放（亿吨）	101.8	30.7	8.9	19.4	0.0
	其中 工业（含 CCS）	44.3	13.6	5.8	9.1	3.3
	建筑	4.9	2.8	1.2	1.9	0.5
	交通	9.8	3.8	1.9	2.9	1.3
	电力（含 CCS）	41.1	10.2	0.0	5.2	-1.7
	其他	1.7	0.3	0.0	0.3	0.0
	DACCS	0.0	0.0	0.0	0.0	-3.4
	工业过程（亿吨）	6.4	0.8	0.1	0.8	0.1
非二氧化碳温室气体（亿吨）		21.2	14.4	11.1	11.1	8.9
碳汇（亿吨）		-9.2	-9.2	-9.0	-9.2	-9.0
温室气体净排放（亿吨）		120.2	36.8	11.1	22.1	0.0

在能源相关 CO_2 排放水平上，2060 年，二氧化碳中和情景净排放 10 亿吨左右，与碳汇相抵消；温室气体中和情景下，二氧化碳则需要实现净零排放。在非二氧化碳温室气体排放控制水平上，2060 年二氧化碳中和情景下，非二氧化碳温室气体排放量相比峰值下降 52%，剩余 11 亿吨左右；温室气体中和情景则需加大非二氧化碳减排力度，相比峰值下降 62%。在碳捕集量需求上，温室气体中和情景下相比二氧化碳中和情景将需要更大规模地采用 CCS、BECCS 等负碳技术，多实现碳捕集 6 亿吨，其中包括 DACCS 捕集量 3.4 亿吨。在能源结构低碳化方面，在 2060 年，温室气体中和情景下，相比二氧化碳中和情景需将能源结构中的非化石能源占比从 82% 提升至 85%。在终端部门减排水平方面，终端电气化率从二氧化碳中和情景的 59% 提升至温室气体中和情景的 64%。工业部门的温室气体排放量需要大幅下降，建筑部门和交通部门的减排也需要发挥到极致。对于电力系统，在二氧化碳中和情景下，需要在 2060 年实现零碳电力，若需要实现全部温室气体碳中和，则需要电力部门提前至 2055 年实现净零排放，到 2060 年实现负排放 1.7 亿吨。

2060 年，在二氧化碳中和目标情景下，能源相关的二氧化碳净排放量为 8.9 亿吨 CO_2，而要实现全部温室气体中和情景下的能源相关二氧化碳净零排放目标，需要终端部门工业、建筑、交通进一步深度减排 2.4 亿吨 CO_2、0.6 亿吨 CO_2 与 0.6 亿吨 CO_2。电力系统需要由净零排放进一步实现负排放 1.7 亿吨 CO_2，同时结合空气直接碳捕集与封存（DACCS）3.4 亿吨 CO_2，见图 3-24。

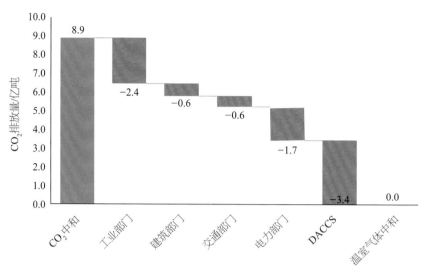

图 3-24　二氧化碳中和向全部温室气体中和目标转型下各部门减排贡献

3.3　面向 2035 年和 2060 年的目标路径

结合到 21 世纪中叶全面建成社会主义现代化强国战略和碳达峰、碳中和相关目标，根据本章的综合研究结果，我国 2022—2060 年的低碳转型发展路径可划分为三个阶段（图 3-25）。

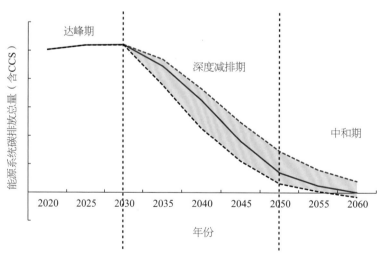

图 3-25　我国碳中和目标下低碳发展排放路径示意图

注：上下虚线表示综述各机构研究结果的排放范围。

第一阶段是当前到 2030 年，碳排放达峰期。努力争取 CO_2 排放量在 2025 年后进入峰值平台期，2030 年前实现达峰后稳中有降。预计到 2030 年，单位 GDP 的二氧化碳排放量比

2005 年下降 65% 左右，实现经济增长与碳排放的绝对脱钩，支撑到 2035 年 GDP 比 2020 年翻一番的情况下，碳排放持续稳定下降。

第二阶段是 2030—2050 年，碳排放深度减排期。城镇化进程趋于稳定，经济将进入中低速增长阶段（年均 3.5% 左右）。其中，到 2035 年基本实现社会主义现代化，美丽中国目标基本实现。2050 年能源系统相关二氧化碳排放总量降到 15 亿～30 亿吨 CO_2，与届时世界人均排放 1.0～1.5 吨 CO_2 的平均水平相当，比 2030 年前的二氧化碳峰值排放量减排 70%～85%。非二氧化碳温室气体大幅减排，相比 2020 年减排 30%～50%。

第三阶段是 2050—2060 年，碳排放中和期。二氧化碳进一步深度减排，加速非二氧化碳温室气体减排，2060 年前实现全部温室气体中和。2050 年后，剩余温室气体排放量将主要来自工业生产过程、道路货运、航空、农业及非二氧化碳排放等难减排部门，需要负排放技术和陆地生态系统碳汇发挥重要的抵消作用。能源系统的剩余碳排放量取决于碳汇与非二氧化碳温室气体的减排水平，如果碳汇基本够抵消非二氧化碳温室气体排放，则能源系统在考虑CCS 之后可率先实现碳中和，到 2060 年实现净零排放甚至负排放。但是，若碳汇不足以抵消非二氧化碳温室气体排放，则到 2060 年实现净零排放仍存在少许缺口。

其中，2030 年、2035 年与 2060 年三个关键时间节点的核心指标如表 3-13 所示。

表 3-13　2030—2035—2060 年的核心指标

	2030 年前碳达峰阶段	2035 年碳减排阶段	2060 年前碳中和阶段
CO_2 排放水平	2030 年前实现 CO_2 排放达峰，能源相关 CO_2 排放峰值控制在 117 亿 tCO_2 左右	比碳排放峰值降 10%	减排 90% 以上，温室气体中和则需要实现净零排放
单位 GDP 的 CO_2 排放强度	比 2005 年下降 65%	比 2005 年下降 75%	—
一次能源消费结构	非化石能源占比达 29.4%	非化石能源占比达 38.8%	非化石能源占比达 85%
终端电气化率	电气化率提升至 30%	电气化率提升至约 35%	电气化率提升至 64%，氢能占比 14.3%
新型电力系统	风光装机 30 亿千瓦以上，非化石发电占比约 60%	风光装机约 48 亿千瓦，装机占比近 70%	非化石发电占比达 90% 以上，风光发电占比达 60%
非二温室气体排放	2030 年前实现达峰，峰值控制在 25 亿吨以下	下降至 2020 年接近水平	比峰值下降 50%～65%，剩余排放与碳汇相抵消

第 4 章

工业部门与重点行业低碳转型

工业在我国经济发展中占主导地位，也是我国经济增长的重要支柱。工业部门是我国能源消费和 CO_2 排放的最主要来源，是低碳转型的重要环节。本章分析中国工业部门的能源与碳排放的现状与特点，展望未来能源和排放趋势，针对钢铁、水泥和合成氨行业开展关键技术及转型路径分析，提出工业部门低碳发展的主要目标和关键政策措施。

4.1　工业部门能源与碳排放特点和趋势

4.1.1　中国工业发展现状和挑战

工业部门是中国经济增长的重要支柱。2021 年，中国工业增加值为 37.26 万亿元，占 GDP 的 32.6%。中国工业增加值已超过美国、日本、德国的总和，煤炭、钢铁、水泥、平板玻璃、彩色电视机、家用电冰箱、洗衣机、空调、微波炉、各类纺织品及日用轻工业品等很多工业品的产量已经位居世界第一。

工业部门也是能源消费和 CO_2 排放的最主要来源。根据能源统计年鉴估算，2020 年，工业部门终端能源消费量为 23.68 亿 tce，占全国终端能源消费总量 36.82 亿 tce 的 64.3%。工业部门的二氧化碳排放主要来自终端能源消费所对应的燃烧排放及工业生产过程排放，2020 年工业二氧化碳排放量为 54.4 亿吨，超过全国二氧化碳排放总量 111.1 亿吨的 49%（为避免与发电等能源生产供应部门发生重复计算，此处不考虑电力和热力消费所对应的间接排放）。钢铁、水泥、合成氨等高耗能行业是我国工业部门的排放"大户"。2020 年，钢铁行业的二氧化碳排放总量约 19 亿吨，水泥行业约 13 亿吨，合成氨行业约为 1.3 亿吨。

中国工业技术在不断进步，工业终端能源消费结构不断优化。随着深化煤炭、钢铁等行业供给侧结构性改革，国家组织开展重点用能单位"百千万"行动，实施燃煤锅炉节能环保综合提升、电机系统能效提升、煤炭消费减量替代、合同能源管理推进等节能重点工程，中国主要高耗能产品增长放缓，工业能效水平持续提升，部分行业的单位产品能耗达到世界先进水平。

4.1.2　中国工业发展和能耗趋势

中国工业发展内外部条件正发生深刻变化，由高速增长向中高速增长转变，新旧动能加快转换，战略性新兴产业和技术密集型产业加速发展并逐步占据主导地位，资源环境约束不断加大，给工业集约绿色发展提出新要求。中国工业发展和碳排放趋势呈现三个主要特征。

第一，中国工业产业正由中低端制造向高端制造升级。中国工业中低端产品所占比例较大，高端和高附加值产品所占比例较低，在核心技术、质量效益水平、自主创新能力等方面明显落后于美国、欧盟、日本等，整体仍处于全球产业链价值链的中低端。为应对新冠疫情冲击和美国对我国实施的贸易战、科技战，摆脱中国在高端装备和电子信息等高科技产业领域受制于人的现状，我国把产业升级、加快技术进步、固链、补链、强链作为主要发展方向，具体表现为：制造业数字化转型步伐加快，工业互联网创新发展成效显著，网络平台安全体系已打造成型；工业绿色低碳发展取得积极进展，传统产业绿色化改造稳步推进；新兴产业保持较快发展，高技术制造业、装备制造业的带动作用增强，发展较快；工业软件、大数据、云计算、人工智能等新技术、新产业、新业态发展增速强势，新能源汽车发展迅猛。

第二，关键技术不断取得新的突破，技术创新能力不断增强。在建设创新型国家的战略目标指引下，我国产业技术创新体系已经初步形成，技术创新环境得到改善，技术创新意识和技术创新能力得到增强。中国工业技术水平得到跨越式提高：针对钢铁、水泥、化工、有色等重点工业行业绿色低碳发展需求，以原料燃料替代、短流程制造和低碳技术集成耦合优化为核心，深度融合大数据、人工智能、第五代移动通信等新兴技术，引领高碳工业流程的零碳和低碳再造及数字化转型；瞄准产品全生命周期碳排放降低，加强高品质工业产品生产和循环经济关键技术研发，加快跨部门、跨领域低碳零碳融合创新。到 2030 年，我国将形成一批支撑降低钢铁、水泥、化工、有色金属行业二氧化碳排放的科技成果，实现低碳流程再造技术的大规模工业化应用。

第三，中国工业发展与能源需求增长及碳排放"脱钩"。在工业由粗放发展迈向高质量发展转型的过程中，能源需求将持续增长，但增速将明显放缓。先是工业结构的调整，使以钢铁、建材、石化等传统行业为主的工业结构向战略性新兴产业、高技术产业和先进制造业转变，工业整体能耗强度和碳排放量强度将加快降低。同时，伴随中国全面建成小康社会，城镇化进程将趋于平稳，主要高耗能产品的需求基本饱和，部分高耗能行业将步入减量发展阶段。随着工业技术的提高、工业电气化的加快发展，工业化石能源的使用量将进一步降低，工业碳排放将先于工业用能需求达到峰值。

4.1.3　主要行业排放趋势展望

钢铁、建材、石化等高碳排放行业对工业部门低碳转型具有至关重要的影响，因此，本研究采用自主研发的 CNITS 模型[①]，基于本书整体情景设定中的 2060 年全部温室气体（GHG）中和情景设定，对钢铁、水泥和合成氨等行业的碳排放趋势进行定量化的分析模拟。行业温室气体排放总量由主要产品活动水平及其相应的综合排放因子计算而得，因此实现碳中和目标可以通过优化产能产量及最大化地应用各类减排技术以降低排放因子来实现。考虑行业综合排放因子涉及包括源头控制、过程革新及末端治理多个环节在内的技术路线与各项技术普及率，采用目标倒逼的方法，先设定碳中和目标年 2060 年的各项技术普及率（或称最终普及率），再拟合出从基准年到碳中和目标年之间各个中间目标年的技术普及率。有了技术普及率预测数据，可以计算出技术路线的排放因子和行业综合排放因子等指标，结合活动产量水平预测数据，得到工业部门 2060 年全部 GHG 中和情景下的碳排放路径。

碳中和技术路线包括源头控制、过程革新及末端治理三个环节。源头控制技术主要是低碳零碳能源和原材料替代技术，优先满足初始排放因子最低的源头控制技术普及率最大化原则，同时考虑技术约束（技术成熟度）和资源约束（原料、燃料供应来源）。也就是说，虽然理想情况是全面推广最低排放的源头控制技术路线，使其普及率达到 100%，但是受限于技术约束和资源约束，最终普及率目标值只能设置为 90%、80% 甚至更低。过程革新技术指的是节能节材技术，末端治理技术主要指二氧化碳捕集、利用和封存等尾气的二氧化碳处理技术，本研究将过程革新和末端治理技术到 2060 年的普及率目标值都设定为 100%。

对于活动水平（产量）预测，参考已完成工业化的发达国家历史数据，呈现出达到峰值后按照一定速率下降的趋势。据权威机构发布，中国已进入工业化后期阶段，并将在"十四五"期间基本完成工业化。包括钢铁、建材等在内的高耗能工业，目前在中国都已属于产能过剩、开工不足的行业。因此，预计部分高耗能工业产品的产量会在"十四五"期间达到峰值，在"十五五"和"十六五"期间进入平台期并出现稳中有降。美国、日本及欧盟等主要发达国家的工业生产历史比中国久，并且积累了自 1990 年以来超过 30 年的排放清单数据。根据这些国家的清单数据，他们的高耗能工业产品产量大多在 20 世纪达到了峰值，之后呈现了不同速度的下降趋势。

在整个工业生产体系中，钢铁、水泥、化工等高能耗行业所需要的高温工艺热和原料由化石能源提供，其他轻工业行业的终端能源消费均使用电力、热力、氢能和其他非化石能源。根据文献调研结论，设定中国工业部门实现碳中和时的电气化率为 70%，可以计算得出

---

① 佟庆，郭玥锋，钱晶. 用于减少气体排放的计算机实现方法和计算设备:ZL202110432957.3[P] 中国专利，2022.5.13.

全部 GHG 情景下的终端能源消费结构（能源利用技术普及率），如图 4-1 所示。到 2060 年，工业终端能源消费结构得到重塑，电力、热力、绿氢及其他非化石能源将成为工业部门终端消费的主要能源品种。由于高耗能行业固有的高温工艺热和原料需求，煤炭在工业终端能源消费中的占比在稳步下降的同时仍将保留一定的份额，到 2025 年、2030 年和 2035 年分别降至 41.4%、40.3% 和 38.1%，到 2060 年稳定在 5%。氢能、热力及其他非化石能源将逐步取代化石能源的消费需求，在工业终端能源消费中的占比平均每 5 年增加 2.5 个百分点，到 2060 年达到 28.1%。未来工业部门电气化率逐步提高，预计 2025 年达到 26.5%、2030 年达到 26.3%、2035 年达到 31%、2050 年达到 50.5%，最终在 2060 年达到目标设定值 55%。一直以来，我国天然气资源供应来源有限，主要用于民生行业，工业部门终端能源消费结构中天然气的占比不高，未来随着电气化率的提高和绿氢等新能源的发展，天然气在工业部门终端能源消费结构中的占比可能进一步降低。

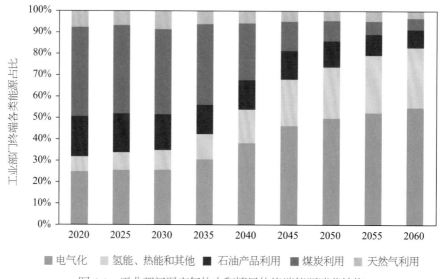

图 4-1　工业部门温室气体中和情景的终端能源消费结构

结合排放因子、产量、技术普及率等因素进行预测，二氧化碳排放路径如图 4-2 所示。工业部门二氧化碳排放量（考虑工业过程及 CCS 封存量）将在 2030 年前达峰，峰值约为 65 亿吨。2030 年之后，随着高耗能产品产量的下降和低碳技术的推广应用，工业部门碳排放进入下降期。属于源头控制的低碳零碳燃烧工艺技术及属于末端治理的二氧化碳捕集、利用与封存（CCUS）技术在 2030—2035 年陆续实现商业化应用。

预计到 2025 年、2030 年、2035 年、2050 年和 2060 年，工业部门的二氧化碳排放量（考虑工业过程及 CCS 的封存量）分别为 64.0 亿吨、65.6 亿吨、50.7 亿吨、9.9 亿吨和 3.4 亿吨，其中工业生产过程二氧化碳排放量分别为 11.5 亿吨、9.9 亿吨、6.4 亿吨、0.8 亿吨和 0.1 亿吨。

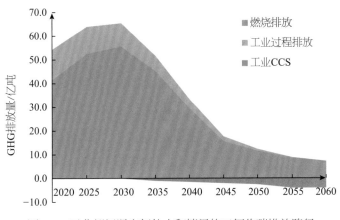

图 4-2　工业部门温室气体中和情景的二氧化碳排放路径

4.2　重点工业行业关键技术及转型路径

4.2.1　钢铁行业

钢铁行业在中国国民经济中发挥着关键作用。中国是世界最大的钢铁生产国，排放了超过 18 亿吨 CO_2。钢铁行业是资源密集型行业，能源和矿石资源消耗量很大。钢铁行业在能源燃烧方面的低碳技术分为三类。

（1）源头控制技术：主要是使用氢气直接还原铁—电炉炼钢技术、氢基熔融还原冶炼—转炉炼钢技术、电炉炼废钢技术和长流程钢铁冶炼技术这些适用于产能扩大（新生产设施的建设）或产能置换（旧生产设施的拆除）的技术。

（2）过程革新技术：主要是各类节能技术，例如在电炉炼钢的生产流程中加入电炉烟气余热回收利用技术，和电炉炼钢的能源管控系统等技术，降低碳排放强度。对于传统的长流程炼钢，过程革新技术包括焦化上升管余热利用技术、烧结环冷竖式冷却技术、蓄热式燃烧技术等，适用于现有生产设施，只需要进行部分设备翻新，而无须拆除所有旧的生产设施。

（3）末端治理技术：钢铁行业使用的主要技术是碳捕集和封存（CCS）技术，用于处理尾气中的二氧化碳。

在源头控制生产技术上，主要使用氢气直接还原铁—电炉炼钢、氢基熔融还原冶炼—转炉炼钢技术、电炉炼废钢技术和长流程钢铁冶炼技术。钢铁行业源头生产工艺技术结构变革路径如图 4-3 所示，其中长流程钢铁冶炼技术占比逐年下降，在 2025 年、2035 年和 2045 年分别降至 86.6%、75.7% 和 47.9%，而其他三项生产技术的普及率逐年升高。预计到 2050 年，电炉炼废钢技术普及率超过长流程钢铁冶炼技术；随着长流程钢铁冶炼技术占比持续降低，其他两项技术的普及率预计于 2055 年可与长流程钢铁冶炼技术持平。

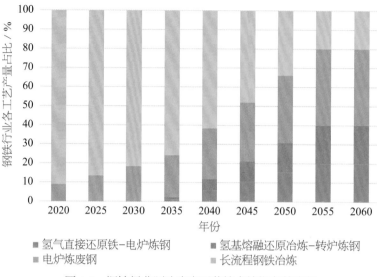

图 4-3　钢铁行业源头生产工艺技术结构变革路径

如图 4-4 所示，钢铁行业的过程革新技术主要包括烧结环冷竖式冷却、蓄热式燃烧技术等。烧结环冷竖式冷却技术目前已有一定的应用基础，预计普及率在 2025 年增至 15.1%，2030 年达到 29.3%，2035 年达到 43.4%，2050 年达到 85.9%，2060 年达到 100%。蓄热式燃烧技术门槛高、推广难度大，预计到 2030 年前的普及率小于 1%，在 2035 年、2050 年和 2060 年的普及率将分别达到 20.8%、80.2% 和 100%。

长流程钢铁生产末端治理 CCUS 技术可望在 2030 年后实现商业化应用，到 2050 年的普及率达到 75.3%，2060 年的普及率达到 100%。

为了推动钢铁行业高质量发展和钢铁产业的转型升级，"十三五"期间全国大量淘汰钢铁落后产能，而在"十四五"规划中，消化钢铁过剩产能、淘汰落后产能的政策将依旧保持高标准执行的态势。如图 4-5 所示，2060 年全部 GHG 中和情景中，钢铁行业的产品产量逐年下降，自 2020 年的 10.65 亿吨降到 2060 年的 4.8 亿吨。

结合排放因子、产量、技术普及率等因素进行预测，钢铁能源燃烧二氧化碳排放量逐年下降，其中 2025 年、2035 年和 2045 年的 CO_2 排放量分别为 15.44 亿吨、11.11 亿吨和 2.76 亿吨，并将在 2060 年达到最低值，排放量为 800 万吨。结合排放因子、产量、技术普及率等因素进行预测，钢铁工业生产过程 CO_2 排放量逐年下降，其中 2025 年、2035 年和 2045 年分别为 1.61 亿吨、1.24 亿吨和 4 700 万吨 CO_2，并将在 2060 年达到最低值 300 万吨。对钢铁行业能源燃烧排放量和工业生产过程排放量进行加总，即可得到钢铁行业排放总量，在 2060 全部 GHG 中和情景中，2060 年的 CO_2 排放量为 1 100 万吨。钢铁的产量和总排放量如图 4-5 和图 4-6 所示。

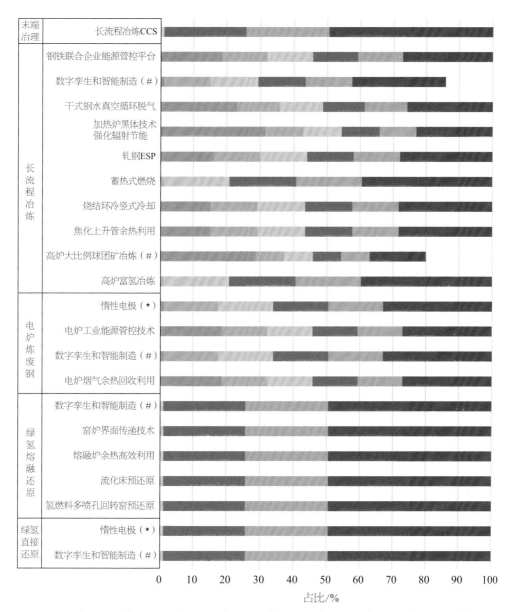

图 4-4　钢铁行业能源燃烧过程革新和末端治理技术路线图

注：　在过程革新技术环节，标注"#"的是能够同时降低燃料燃烧和工业生产过程排放的技术；标注"*"的是仅能降低
工业生产过程排放的技术；无标注的是仅能降低燃料燃烧排放的技术。

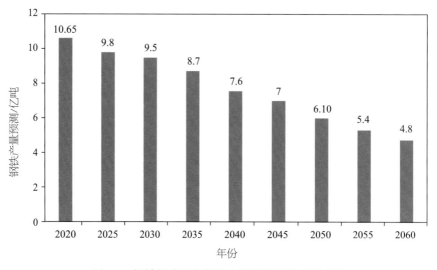

图 4-5　钢铁行业温室气体中和情景下的产品产量

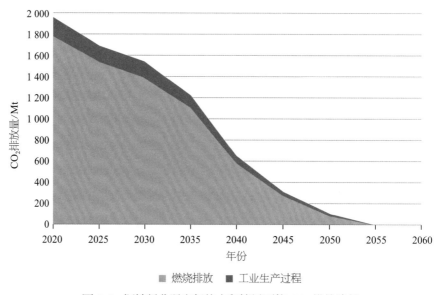

图 4-6　钢铁行业温室气体中和情景下的 CO_2 排放路径

4.2.2　水泥行业

中国是全球最大的水泥生产国与消费国，水泥产量在 2011 年突破 20 亿吨，2014 年接近 25 亿吨，近年来稳中有降，但在 2022 年仍达到 21.3 亿吨。水泥工业碳排放包括煤炭等燃料燃烧排放，以及水泥熟料生产过程中碳酸盐等原料分解产生的排放，中国水泥行业的化石能源燃烧和工业生产过程的碳排放量约占全国同口径排放量的 13%，仅次于电力行业与钢铁行业。在源头控制生产工艺上，使用替代原燃料技术、高贝利特水泥生产技术和硫铝酸盐水泥生产技术逐步取代普通硅酸盐水泥熟料生产技术，如图 4-7 所示。普通硅酸盐水泥熟料技术占比逐渐下降，到 2025 年、2030 年、2035 年和 2040 年将分别降至 88.9%、80.7%、72.6% 和 64.4%，同时，以上三项代替工艺占比分别增加到 3.7%、6.4%、9.1% 和 11.9%。预计到 2045—2050 年，以上三项代替工艺总占比与普通硅酸盐水泥熟料技术持平。到 2055 年，替代原燃料技术、高贝利特水泥生产技术和硫铝酸盐水泥生产技术普及率合计可达到 60%，普通硅酸盐水泥熟料技术占比降至 40%。

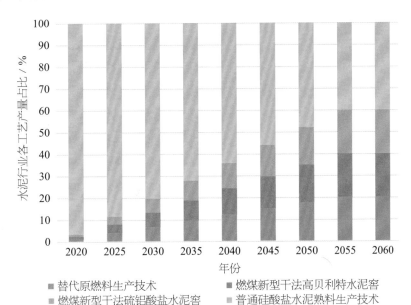

图 4-7　水泥行业源头生产工艺技术结构变革路径

　　图 4-8 为水泥行业过程革新和末端治理技术（CCS）普及路径。水泥行业过程革新关键技术包括数字孪生和智能制造、多级预热器预分解、第四代箅冷机、四通道燃烧器等。数字孪生和智能制造技术在 2025 年前的普及率在 1% 左右；普及率之后逐渐增加，预计到 2045 年达到 60% 以上，2050 年达到 80% 以上，2055 年达到 100%。多级预热器预分解技术在 2025 年前的普及率低于 1%；预计在 2030 年、2035 年和 2040 年分别达到 15.1%、29.3% 和 43.4%；至 2060 年，技术普及率可达到 100%。四通道燃烧器的技术普及率在 2020 年已达到 30%，推广难度不大，有望于 2060 年实现 100% 推广。

　　水泥行业末端治理 CCUS 技术的门槛高、推广难度大，预计在 2035 年前的普及率均小于 1%；之后，随着技术成熟，到 2040 年、2045 年和 2050 年的技术普及率分别达到 25.8%、50.5% 和 73.5%；至 2060 年，在水泥行业得到 100% 普及。

　　如图 4-9 所示，2060 年全部 GHG 中和情景中，水泥行业的产品产量逐年下降，自 2020 年的 23.95 亿吨降到 2060 年的 8 亿吨。

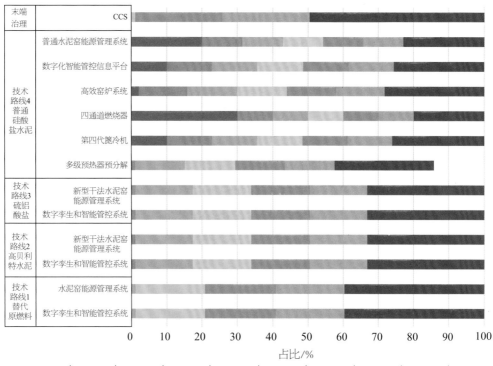

图 4-8　水泥行业能源燃烧过程革新和末端治理技术路线图

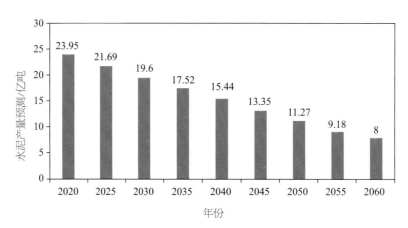

图 4-9　水泥行业温室气体中和情景下的产品产量

结合排放因子、产量、技术普及率等因素进行预测，2060 年全部 GHG 中和情景中，水泥能源燃烧二氧化碳排放量逐年下降，其中 2025 年、2035 年和 2045 年的 CO_2 排放量分别为 5.06 亿吨、3.56 亿吨和 1.26 亿吨，在 2060 年达到最低值，CO_2 排放量为 645 万吨。结合排放因子、产量、技术普及率等因素进行预测，2060 年全部 GHG 中和情景中，水泥工业生产过程二氧化碳排放量逐年下降，其中 2025 年、2035 年和 2045 年的 CO_2 排放量分别为 5.94 亿吨、3.97 亿吨和 1.28 亿吨，在 2060 年达到最低值 557 万吨。对水泥行业能源燃烧排放量和工业生产过程排放量进行加总，即可得到水泥行业排放总量，在 2060 年全部 GHG 中和情景中，2025 年、2035 年、2045 年的 CO_2 排放量分别为 10.99 亿吨、7.53 亿吨、2.53 亿吨；2060 年的 CO_2 排放量为 1 202 万吨，相比 2020 年下降 99.07%。

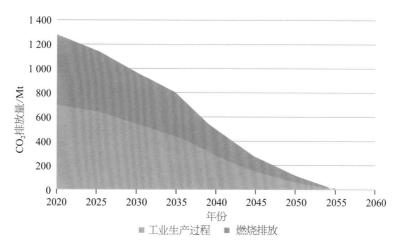

图 4-10　水泥行业温室气体中和情景下的 CO_2 排放路径

4.2.3　合成氨行业

中国是世界最大的氨生产国，产量约占世界产量的 30%。随着中国合成氨产量的不断上升，CO_2 排放量也不断增加。

合成氨的主要原料可分为固态原料、液态原料和气态原料，如天然气、轻油、重油和煤炭。受能源禀赋限制，煤制合成氨长期以来一直是我国合成氨生产的主要方式。合成氨行业比较特殊的地方在于，煤、石油和天然气既是生产原料也是燃料，故合成氨行业的燃料排放和生产过程排放是合在一起的。

在源头控制技术上，除了使用清洁能源天然气制合成氨外，还可以使用其他化工行业产生的氢气输送至合成氨装置，直接进行氢氮合成氨制备，但是这种技术在目前的普及程度还不高。在传统的煤制合成氨技术上，通过氨合成回路分子筛技术来降低能耗，以及粉煤加压气化、水煤浆气化等先进煤气化技术来降低煤耗，也能达到一定的减排效果。未来随着清洁能源的发展，绿氢一体化合成氨技术将得到发展，并逐步成为储能路径之一。

本研究模拟了合成氨行业的四条技术路线，其中的技术路线 1 为源头控制生产技术（绿氢一体化合成氨）；技术路线 2 为源头控制生产技术（氮气电化学合成氨）；技术路线 3 为源头控制生产技术（天然气合成氨）及与之配套的几项过程革新技术所形成的技术组合；技术路线 4 为非源头控制生产技术（目前我国的主流生产技术——煤基合成氨）及其配套的几项过程革新技术所形成的技术组合。在这些生产工艺技术路线之后，本研究模拟了末端治理技术（CCS）在合成氨生产过程的联合应用与相应的综合影响，进而计算得出全部 GHG 中和情景下的技术普及率。

如图 4-11 所示，煤基合成氨生产工艺占比逐渐下降，到 2025 年、2030 年和 2035 年分别降至 77.1%、73.3%、61.6%，预计于 2050—2055 年退出合成氨生产市场。而随着清洁能源的发展及绿氨相关技术的成熟，绿氢一体化合成氨工艺将从 2035 年前后开始迅速发展，最终于 2055 年前后与天然气合成氨生产工艺持平，2060 年各占 40% 左右。2035 年开始，氮气电化学合成氨生产工艺也有望开始推广，到 2060 年普及率达到 20%。

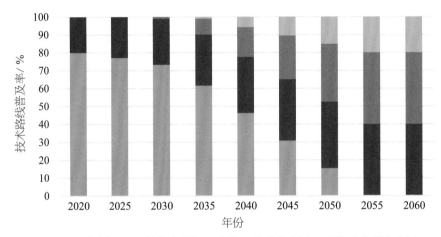

图 4-11　合成氨行业源头生产工艺技术结构变革路径

图 4-12 为天然气与煤基合成氨生产工艺配套的过程革新及末端治理技术（CCS）的普及路径。到 2030 年，氨合成回路分子筛、先进煤气化、煤基合成氨能源管控系统等过程革新技术能得到较大规模的普及，技术普及率分别为 7.8%、7.8%、14.1%，为行业碳达峰作出重要贡献。从 2035 年开始，逐渐推广数字孪生与智能制造、高效催化剂、等温变换等过程革新技术，几项技术普及率在 2050 年均达到 19.8%，2060 年在相关生产工艺内得到 100% 推广。煤基合成氨和天然气合成氨尾气中含有较高浓度的二氧化碳，因此 CCS 的捕集难度和成本低于大多数工业行业。预计从 2030 年开始逐渐推广 CCS 技术，到 2060 年普及率超过 40%。

2060 年全部 GHG 中和情景的合成氨产量在 2025 年达到峰值，总产量为 0.6 亿吨。2025 年后产量下降，2060 年全部 GHG 中和情景中，合成氨产量在 2060 年降至 0.45 亿吨，如图 4-13 所示。

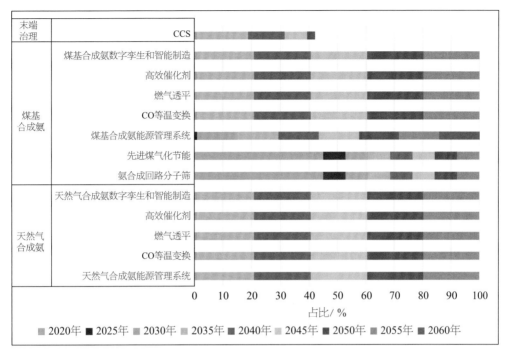

图 4-12　合成氨行业过程革新和末端治理技术路线图

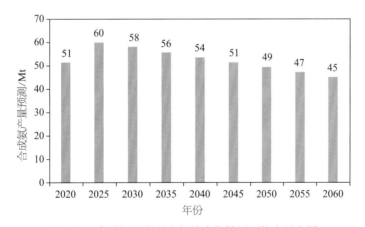

图 4-13　合成氨行业温室气体中和情景下的产品产量

结合排放因子、产量、技术普及率等因素进行预测，合成氨行业的 CO_2 排放量将在 2025 年达到峰值（约为 1.49 亿吨），在 2060 年降至约 100 万吨，如图 4-14 所示。

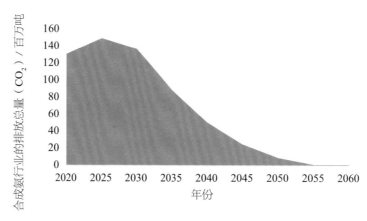

图 4-14　合成氨行业温室气体中和情景下的 CO_2 排放路径

4.3　工业部门低碳转型主要目标与政策措施

4.3.1　主要目标

我国工业部门应持续优化产业结构和能源结构，并将重点行业低碳转型作为关键突破口，以优化终端消费结构、淘汰落后产能并提高产能利用率为主要路径，着力实现钢铁、水泥、合成氨等行业综合碳排放因子的持续下降。工业部门在 2025—2060 年的低碳转型主要目标如表 4-1 所示。

表 4-1　工业部门低碳转型主要目标

年份	2025	2030	2035	2050	2060
优化终端能源消费结构					
电气化率（%）	26.5	26.3	31.0	50.5	54.9
氢能、热力和其他非化石能源占比（%）	7.4	8.6	11.4	23.6	28.1
煤炭占比（%）	41.4	40.3	38.1	9.1	5.1
淘汰落后产能，提高产能利用率					
粗钢产量指数（2020 年为 100%）	92.0	89.2	81.7	57.3	45.1
水泥产量指数（2020 年为 100%）	90.6	81.8	73.2	47.1	33.4
合成氨产量指数（2020 年为 100%）	117.3	113.1	108.9	96.3	87.9
重点行业综合排放因子（吨 CO_2 / 吨产品）持续下降					
钢铁行业燃料燃烧	1.576	1.472	1.277	0.154	0.017
钢铁生产过程	0.164	0.154	0.143	0.035	0.006
水泥行业燃料燃烧	0.233	0.219	0.203	0.049	0.008
水泥生产过程	0.274	0.251	0.227	0.046	0.007
合成氨行业	2.490	2.366	1.595	0.186	0.024

4.3.2　关键政策措施

为实现"两个一百年"奋斗目标，实现碳达峰、碳中和目标，党的二十大报告中指出"要推进新型工业化，加快建设制造强国""积极稳妥推进碳达峰碳中和"；双碳"1+N"政策体系下出台了《工业领域碳达峰实施方案》《科技支撑碳达峰碳中和实施方案（2022—2030 年）》等多项政策文件，钢铁、石化、轻工业等行业也陆续出台行业高质量发展指导意见，为工业部门全面推进双碳目标的达成、实现低碳转型提供了支撑。

1. 持续推进产业结构优化升级

我国工业化进程尚未完成，仍面临较高能源需求，需持续优化产业结构以确保实现工业部门碳排放达峰，这也是加强碳中和能力储备的重要举措。发达国家碳排放达峰均出现于基本完成工业化、主要高耗能工业产品产量呈现同步下降时期，因此，持续管控重点行业产能规模，坚决遏制高耗能、高排放、低水平项目的盲目发展是重中之重。另外，应积极培育高效低碳制造业，发展战略性新兴产业，优化工业部门内不同行业间的能源配置效率，提升整体能源生产力。

2. 能源结构低碳化和电气化

不断提高工业终端用能的电气化和能源结构的低碳化水平，是贯穿工业部门近期至中长期的关键技术路径。工业部门是终端能源消费量最高的部门，也是电力消费量最高的部门，使用低碳甚至零碳的燃料、原料和能源，可减少工业生产中与燃烧相关的碳排放，推进工业部门能源结构低碳化，充分利用电网和可再生能源的低碳转型成效，提升电气化率，也对工业部门脱碳至关重要。能源结构低碳化的方式包括使用氢能和生物质能等低碳燃（原）料替代煤炭等化石燃（原）料，提升电气化的方式可以包括用电化学过程代替热驱动过程，高温生产工艺的电气化等。

3. 提高能源和原材料利用效率

提升能效是近中期控制工业部门碳排放最基本、最关键的手段，也是极具成本效益的选择，几乎适用于所有工业行业。持续淘汰落后产能、系统性优化工业生产过程的能源管理、推进热能系统的管理优化、利用智能制造和大数据分析提高制造过程的能源利用效率等，都是有效的能效提升方法。不同行业也有不同的能效提升技术。例如，国内仍有大量钢铁企业可以通过余热余能回收利用、蓄热式燃烧、高级干熄焦等技术进行能效提升，也可以采用喷射式碱性氧气转炉（Jet BOF）等新兴技术实现能效提升。水泥行业可以通过推广使用能源管控系统、窑炉余热精细化利用等方式实现能效提升。石化和化工行业可以通过余热回收利用、高效水煤浆气化、高效换热等方式提升能效。

构建循环经济体系、提升资源使用效率，既是近期就需要大力发展的举措，也是中长期的关键措施，具体途径可以包括优化能源结构、原燃料替代和价值保留等。例如，可再生资源通过回收利用和再制造实现价值保留，大宗工业固废可以作为原燃料替代品，生产生活垃圾也可以作为替代燃料等方式实现碳减排。以废钢为例，提升电炉炼钢比例，将是钢铁行业实现低碳转型的关键，对工业部门整体实现碳中和目标至关重要，预测 2060 年电炉炼钢比例将提升至 50% 左右，因此亟须通过政策支持和适当的市场构建完善废钢回收系统。对于水泥行业，非碳酸盐原料替代、提高固废掺量都是继续推广的低碳生产方式。

4. 加强源头控制和负排放等突破性技术的研发与应用

（1）**源头控制**。对于水泥、钢铁等高耗能行业，加强源头控制类突破性技术的研发与应用。例如，对于水泥行业，加快推进生料原料替代技术，包括电石渣、硅钙渣、钢渣、石英污泥、造纸污泥等替代性技术；对于钢铁行业，加快推进氢冶金、直接还原铁技术等；对于合成氨等行业，加快推进绿氢合成氨一体化等技术。

（2）**负排放技术**。产业结构优化和能源结构调整等措施无法彻底支撑工业部门实现碳中和目标，碳捕获、利用和封存（CCUS）及直接空气捕获（DAC）等负排放技术将是工业部门实现碳中和的保障性技术，特别是对于钢铁和水泥等难减排部门。CCUS 的技术路径可以包括燃烧后化学吸收、新型碳捕集材料的开发和制造优化、碳捕获新工艺开发、突破性脱碳技术的试点示范建设等。虽然 DAC 技术的应用场景更为广泛，不仅限于工业部门，但由于其成本较高，因此仍需在技术研发、价值链的拓展、碳足迹的评估等方面加强技术部署。

第 5 章

交通部门与行业低碳转型

交通部门是实现居民出行和货物运输的基础性行业，由道路、铁路、水路和航空等运输方式组成。当前，我国经济正处于高质量发展转型阶段，交通运输需求旺盛，交通能源结构短期内难以低碳化，这一现实可能导致碳排放量持续上升，交通部门亟待加快低碳转型以支撑实现碳达峰、碳中和目标。本章分析中国交通部门的碳排放现状和主要特点，通过对关键低碳技术和发展措施进行判断并结合交通强国战略及相关研究，分析中国交通部门的能源消费和碳排放演化趋势，提出与社会主义现代化建设和"双碳"目标相适应的中国交通部门低碳发展路径及需要采取的重要措施。

5.1 交通部门低碳发展现状及趋势

5.1.1 交通部门总体发展形势及碳排放现状和特征

交通基础设施网络日益完善。截至 2020 年年底，中国铁路营运里程达 14.6 万千米，高铁对百万人口以上城市的覆盖率超过 95%；公路总里程达 519.8 万千米，高速公路里程 16.1 万千米，高速公路对 20 万人口以上城市的覆盖率超过 98%；运输机场超过 253 个，民用运输机场已覆盖 92% 的地级市；内河航道里程 12.8 万千米，港口万吨及以上泊位数量达到 2 592 个。与 2010 年同期相比，2020 年中国公路总里程、铁路营业里程、民航机场、万吨级及以上泊位和内河航道里程规模分别增长 29.7%、60.1%、37.1%、56.1%、2.8%，见图 5-1。

交通运输需求随着经济发展而持续增长。如图 5-2 所示，客运和货运需求持续上升，2019 年中国客运和货运周转量较 2010 年分别提升 26.7% 和 40.6%（2020 年受新冠疫情影响大幅下跌）。虽然近年来道路运输受铁路和航空运输发展的影响其占比有所下滑，但依然是客运和货运的主力。从客运量（人次）看，公路客运占中国客运的比例从 2012 年的 93.5% 降至 2020

年的 71.3%；从货运量（吨）看，公路货运占中国货运的比例从 2012 年的 79.0% 小幅降至
2020 年的 73.8%。

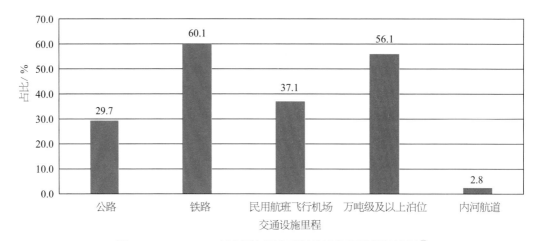

图 5-1　2010—2020 年中国主要交通基础设施规模增长情况 ①

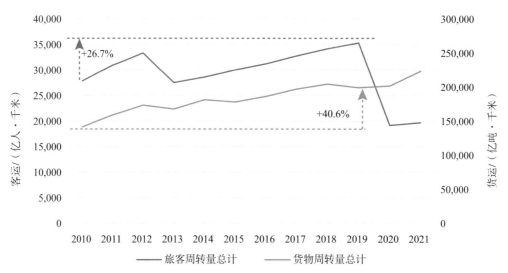

图 5-2　近年来中国交通运输需求变化 ②

　　需求的提升推动交通能源消费规模和碳排放量增长 ③（见图 5-3）。近年来，交通部门已成
为中国碳排放量增长最快的领域之一。2020 年，中国交通部门能源消费量 5.03 亿 tce，约占终
端能源消费总量 36.82 亿 tce 的 13.66%，二氧化碳排放量 8.3 亿吨（考虑电力间接碳排放），
占全国能源相关碳排放量 111.1 亿吨的约 7.5%。

　　从燃料类别来看，石油基燃料是主要来源。2020 年，汽油、柴油、航空煤油消费带来的
碳排放量占中国交通部门总排放量的 96.9%，煤炭、天然气及其他替代燃料占比仅 3.1%。

① 数据来源：交通运输部 . 2020 年交通运输统计公报；国家统计局 . 2020 中国统计年鉴 .
② 数据来源：国家统计局 . 2020 中国统计年鉴 .
③ 数据来源：王庆一 . 2021 能源数据 . 因疫情影响，2020 年交通活动量、能源消费和碳排放均有所下滑。

从运输方式看，如图 5-3 所示，道路交通碳排放量占据主导，民航运输的碳排放量增长最快 [①]。我国连续 12 年的汽车产销规模居世界首位。2020 年，汽车保有量达到 2.8 亿辆，千人汽车拥有量达到 199 辆，道路交通能源消费 3.3 亿 tce，产生的碳排放量 7.2 亿吨 CO_2，占交通部门碳排放量的 78.8%，较 2005 和 2010 年的碳排放量分别增长了 1.4 倍和 0.6 倍，其中以乘用车为主的道路客运和卡车为主的道路货运碳排放量各约占一半。国内航空运输碳排放随着航空业迅速发展而高速增长，2020 年民航机队规模增至 2010 年的 3 倍，带动航空煤油消费从 2010 年的 1 600 万吨增至 2019 年的 3 680 万吨（2020 年为 3 292 万吨），碳排放量从 4 960万吨 CO_2 增长至 1.14 亿吨 CO_2（2020 年为 1.02 亿吨 CO_2），2010—2019 年年均增长率接近 10%，远高于其他运输方式。铁路运输碳排放量随着电气化率提高和高铁的普及而进入平台期，随着电力机车、高速动车组广泛运用，铁路运输电力消费量逐年提高，从 2010 年的 307 亿千瓦时增长至 2020 年的 691 亿千瓦时，对柴油消费量的替代加速了铁路运输的低碳化进程，2017 年以来，铁路运输年碳排放量基本稳定在 2 500 万吨 CO_2 左右。水路运输能源消费结构以柴油和燃料油为主，水路运输活动保持平稳增长，2010—2020 年水路运输能源消费量从3 271 万 tce 增长至 4 561 万 tce，碳排放量从 7 087 万吨 CO_2 增长至 9 694 万吨 CO_2。

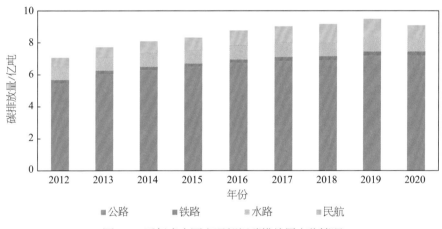

图 5-3　近年来中国交通部门碳排放量变化情况

5.1.2　交通部门低碳转型趋势

日益增长的运输服务需求将继续增加行业碳排放量。中国经济已进入高质量发展阶段，随着经济的发展和居民生活水平的提高，居民私家车保有量和航空出行频率将快速增长，预计在 2021—2035 年居民出行量年均增长将达 3.2%，货运量年均增长将达 2%[②]。若继续沿袭当前的发展模式，交通部门的碳排放量将无法于 2030 年前实现达峰，2060 年的碳排放量仍将有可能超过 10 亿吨，需要采取更严措施推广节能和低碳燃料技术，优化运输模式，引导居民低碳出行。

---

① 数据来源：国家统计局 . 2020 中国统计年鉴；王庆一 . 2021 能源数据 .

② 数据来源：国家综合立体交通网规划纲要，2021 年。

1. 节能技术

通过加快节能技术的应用进程和提升管理效能可有效降低各类交通工具的能耗水平，从而实现降碳。道路运输中，能效提升技术对道路运输的节能减排有极大促进作用。中国车辆能效提升措施主要包含对汽车制造商所产汽车进行严格的能效限制管控和加大新型高效汽车的市场补贴力度。混合动力技术、先进内燃机技术和轻量化材料技术已经被列为核心车辆节能技术。高铁速度大幅提升的同时其能耗也会随之提高，因此加大新式车组的关键节能技术的研发工作十分关键。民航运输中，飞机翻新技术可提升单机运行能效，管理技术可提升机队整体运行能效，翻新技术包括融合式翼梢小翼、发动机更新、电动滑行系统、机舱轻量化等，可在一定程度上提升单机执飞航班时的巡航能效和滑行能效。常规船舶可通过船体线型、螺旋桨等优化和加装新型水流装置以降低船舶阻力或提高螺旋桨推进效率，船队通过优化管理从而提升整体能效。

2. 低碳燃料技术

发展电力、氢能、生物质、电基合成燃料等低碳燃料以替代传统的高碳油品燃料是交通领域碳减排的重要手段，不同的交通方式所面临的技术选择有所差异。

新能源汽车被视为道路交通最重要的减碳技术路线。截至 2022 年年底，中国新能源汽车市场渗透率已超过 25%，新能源汽车发展的市场驱动特征已经显现。由于电池技术尚不支持长途营运性运输，重型货车等重型商用车将是氢燃料电池汽车应用的重要领域。按照规划，未来乘用车、轻型商用车将全面电动化。氢燃料电池汽车正处于初始发展阶段，预计到 2025 年保有量将达到 5 万辆，2035 年推广量将达到 100 万辆[①]。

民航运输可能的替代燃料技术主要为生物质燃料、氢能和电力三类。生物质燃料是现阶段民航运输最有可能大规模应用的替代燃料选择，其成分与传统航煤较为接近，但目前制备成本仍然较高，每吨制备价格在 8 000～20 000 元。全电飞机面临的主要问题是电池技术受限，为实现中短途航程飞行，电池能量密度需达到 800～2 000 瓦时／千克，目前投入商用的电池能量密度最高为 300 瓦时／千克，仍有较大差距，2030 年将只能应用于小型支线客机中。由于全电飞机的电池技术局限导致其航程有限，氢能被视为民航低碳发展的重要替代燃料技术，氢能窄体客机和宽体客机有望在 20 年内进入机队。

水路运输潜在替代路线较为多元。液化天然气（Liquified Natural Gas，LNG）相对于燃料油的减碳潜力为 10%～30%，是目前水运领域应用最广泛的替代燃料，将主要扮演中、短期内过渡燃料的角色，但无法实现深度脱碳。甲醇的应用也得到了一定探索，绿色甲醇减排效益最高可达 90%，但目前其成本较高。氢燃料和氨燃料的主要推广障碍包括技术不成熟、燃料能量密度不足和配套设施不完善。与电动汽车和电动飞机类似，电动船舶受电池能量密度限制只能应用到小吨位和短航程中，在内河运输中进一步推广电池技术仍须取得突破。

---

① 中国汽车工程学会. 节能与新能源汽车技术路线图 2.0，2020 年.

3. 新兴技术

新兴技术或模式有望通过有别于传统减碳路线的途径带动交通低碳变革。自动驾驶技术是汽车重要的发展趋势，是支撑新一代智能交通系统的重要技术。借助自动驾驶技术和智能网联系统，可以促进车路协同，从而提升道路运输效率并降低道路运输碳排放量。超级高铁综合利用先进技术创造出与民航运输类似的低真空环境，减小了列车高速运行时的空气阻力。超级高铁运行时速可达 1 000 千米，且在真空管道中的运行安全性较高。飞机自身结构颠覆性改变和革新性技术概念可能有助于实现民航低碳发展目标。与传统油箱、机翼的飞机布局相比，颠覆性机身构造包括翼身融合、斜拉翼式布局、盒式机翼等，革新性推进系统主要包括桨扇发动机技术。此外，共享出行、自动驾驶等新技术、新业态通过提升通行效率、能力等提升能效，互联网大数据技术的使用可以提升载荷率、降低行驶里程，从而提升整体运输系统的能效。

4. 运输模式

管理部门通过加强管理机制和政策创新，与运输企业和消费者协同发力，进一步优化运输结构，能够推动各种交通运输方式深度融合，提升运输效率，促进节能降碳。2020 年货运量中，公路运输占比达 73.8%，而运输能耗较低的水运和铁路分别仅占 16.4% 和 9.8%，通过促进货运方式"公转铁、公转水"可提升整个交通运输系统的能源使用效率，在不牺牲运输效率的同时取得良好的节能减碳效果。研究表明，通过运输结构调整与运输效率提升，有望助力道路交通实现 20% 以上的碳减排目标。

5. 出行方式调整

引导居民形成绿色低碳的出行习惯，能够减少汽车使用频率和强度，大幅减少出行碳排放量。对于城市间客运，私家车由于具有相对较低的乘坐率而具有更高的碳强度，而高铁、轨道交通、轮船的碳强度仅为私家车的 5%～7%，未来中短途城间交通将逐步由乘用车向高铁等公共交通转移。航空运输由于运距长、载客量低（相对于高铁等方式）而碳排放强度高，因此通过"空转铁"替代部分民航运输需求可以有效降碳。对于城市内客运，有限的城镇地理空间、持续增长的人口决定了必须通过公共交通来解决城镇化发展带来的交通拥堵等矛盾，从碳排放强度来看，公共汽车的人均碳排放量只是私家车的 3.4%，而自行车、步行等方式更是零能耗、零排放。

5.1.3　交通部门低碳转型政策部署进展

中国政府很早就开始采取行动促进交通行业节能减排，碳达峰、碳中和目标提出后，政府各部门加快出台支持交通绿色低碳转型的相关政策举措，已基本形成了系统性政策体系，可划分为顶层设计、发展规划、行业节能减排、环境保护四类。

1. 顶层设计

减少交通部门碳排放量作为实现碳达峰、碳中和的重要环节，已被纳入中国"1+N"政策体系，在顶层设计"1"和行业层面"N"中多有涉及。中共中央、国务院发布的《关于完整准确全面贯彻新发展理念做好碳达峰碳中和工作的意见》作为国家总体设计确立了"双碳"政策实施的原则和目标，其中强调加快推进低碳交通运输体系建设，并提出优化交通运输结构、推广节能低碳型交通工具、积极引导低碳出行三大关键举措，从模式、技术和消费三个层面确立了交通部门低碳转型方向。国务院发布的《2030 年前碳达峰行动方案》聚焦碳达峰关键期，将交通绿色低碳行动列入碳达峰十大行动，面向 2030 年构建了系统、全面、量化的举措和目标，如新能源和清洁能源交通工具渗透比例达到 40% 左右，运输碳强度较 2020 年下降9.5%，百万人口以上城市绿色出行比例超过 70% 及推进能源基础设施建设等，确保交通部门"碳排放增长保持在合理区间"。交通运输部、国家铁路局、中国民用航空局、国家邮政局联合发布贯彻落实《中共中央国务院关于完整准确全面贯彻新发展理念做好碳达峰碳中和工作的意见》，提出以交通运输全面绿色低碳转型为引领，以提升交通运输装备能效利用水平为基础，以优化交通运输用能结构、提高交通运输组织效率为关键，加快形成绿色低碳交通运输方式，加快推进低碳交通运输体系建设，让交通更加环保、出行更加低碳，助力如期实现碳达峰、碳中和目标，推动交通运输高质量发展。

2. 重点发展规划

中国相关管理部门已制定多项交通行业发展规划以推进绿色低碳交通建设，覆盖交通网络、装备、技术、出行方式等多方面。《国家综合立体交通网规划纲要》强调交通基础设施建设与生态空间协调，提出 2035 年交通基础设施绿色化建设比例达到 95%，加快促进交通能源动力系统清洁化、低碳化、高效化发展，交通领域二氧化碳排放量尽早达峰。《交通强国建设纲要》将绿色与安全、便捷、高效、经济等并列视为现代综合交通体系的重要特征，提出2035 年中国要基本建成交通强国，强化交通节能减排和污染防治，优化交通运输结构、能源结构，促进新能源和清洁能源的使用。《"十四五"现代综合交通运输体系发展规划》将"绿色转型，安全发展"列为"十四五"期间交通发展基本原则之一，强调在交通领域要逐步形成绿色生产生活方式，逐步构建以铁路、水运为主的大宗货物中、长途运输形式，推广先进低碳设施设备，建立交通运输碳排放监测平台和绿色低碳约束激励机制，并提出 2025 年城市新能源公交车辆占比达到 72%，交通运输碳排放强度较 2020 年下降 5% 等具体目标。《"十四五"民用航空发展规划》《公路"十四五"发展规划》《水运"十四五"发展规划》等专项规划作为交通子部门的纲领性文件，对未来各自部门绿色发展目标、任务和关键举措进行了详细设计。

3. 节能减排标准

中国已经出台多阶段燃油经济性限制标准和排放标准以提升交通工具能效从而降低碳排放强度。在车辆方面，中国汽车工业管理部门建立并逐步实施了《乘用车燃料消耗量限值》《乘用车燃料消耗量评价方法及指标》《重型商用车燃料消耗量限值》等国家标准，规定了各类车型的燃料消耗量限值和总体节能目标。在船舶方面，山东、上海等省市制定了营运性船舶燃料消耗限额标准，将不同吨位的集装箱船、干散货船、件杂货船的单位燃料限额做了强制性规定。中国交通运输部制定实施《营运船舶燃料消耗限制及验证方法》，采用函数形式对能耗和总载重的关系进行刻画，设定内河、近海、沿海等不同水运类型的燃料消耗限制标准，第 2 阶段标准较第 1 阶段加严了约 10%。海运方面目前主要遵从国际海事组织（International Maritime Organization，IMO）制定的船舶技术能效指数（Energy Efficiency Existing Ship Index，EEXI）和营运碳强度指标（Carbon Intensity Indicator，CII）的双控要求，2023—2026 年碳强度每年削减 2%。

4. 环境保护政策

保护环境、减少污染物排放与碳减排具有协同效应，中国已经制定相关标准限制交通工具的污染物排放，其中道路交通部门是关注重点。目前国家第六阶段机动车污染物排放标准已经开始实施，2020 年 7 月 1 日起对城市专用车实施，2023 年 7 月 1 日起对所有车辆实施。该标准下污染物排放较国 5 标准加严 40%～50%，为史上最严格的排放标准。中国出台系列政策从宏观调控、财政补贴和行业发展等维度推动新能源汽车发展减少燃油带来的排放，例如，《打赢蓝天保卫战三年行动方案》明确了城市服务车辆和轻型车的电动化渗透率目标。对于船舶，中国颁布《船舶大气污染物排放控制区实施方案》，扩大污染控制区域，出台排放标准对其污染物排放量进行约束和限制，并发布《船舶大气污染排放物监督管理指南》进行监测监管。

除上述四类政策外，中国通过优化交通运输结构，提升铁路、水路对道路货运的替代，实现节能降碳。如《推进多式联运发展优化调整运输结构工作方案（2021—2025 年）》提出，2025 年水路和铁路货运量占比分别比 2020 年增长 12% 和 10%，重点区域大宗货物依靠铁路、水路和新能源汽车运输比例达到 80%。

5.1.4　交通部门低碳转型面临的挑战

交通部门碳排放在 2030 年前达到峰值面临一定挑战。不同行业对化石能源的依赖程度不同，碳达峰难度和时间点也有所差异。从发达国家的历史经验看，交通部门碳排放量在总排放量中的占比一般会超过 1/4，其碳排放达峰时间也一般都晚于工业部门和建筑部门，呈现出一定的滞后性。例如，德国已处于碳排放量的下降阶段，2017 年其温室气体排放总量较 1990

年下降了 1/3，但其交通部门的碳排放不降反升；欧盟在 2000 年后的碳排放量持续下降，但其交通部门的碳排放量却呈现出持续增长的态势；美国在 2019 年的碳排放量较 2007 年达峰时的峰值降低约 12%，但同期交通部门的碳排放量降幅仅约 5%。随着我国居民收入水平提升，交通工具保有量和出行需求仍将持续增长，新增电动汽车等低碳交通装备难以满足交通出行的增量需求，更无法迅速实现化石燃料基交通装备的存量替代。

对交通部门的碳排放成本有效的深度脱碳技术尚未成熟。碳中和愿景下，全社会要实现近零碳排放，通过低碳技术的规模化应用实现用能结构深度脱碳尤为重要。在现有的技术水平下，民航和水路部门的规模化脱碳技术尚不成熟，缺少成本有效的可规模化应用的替代燃料。生物质燃料受原料及成本影响目前仍无法全面推广，氢能和电动飞机、船舶等也都还处在概念设计和试验阶段，商用化时间点面临很大的不确定性。目前的电池技术面临规模经济发展受限、电功率范围不足和充电设施配套不完善等情况的制约，还不足以通过电动化支撑长途、重载的道路货运任务。燃料电池技术因氢能成本、供应等仍存在瓶颈，面临高成本和配套设施建设的高投入状态。

交通部门碳排放量亟待多部门联动和多主体协同挖掘深度脱碳的空间。推进交通部门降碳通常需要从引导交通需求、推广低碳交通技术装备、提升运输组织效率等方面协同发力。交通部门与社会经济各个方面存在广泛联系，导致影响其碳排放量的因素多且繁杂。其中，运输需求与国家经济结构、能源结构和产业布局以及居民个人意愿和行为密切相关，运输组织水平和运输效率、运输装备低碳化水平、城市空间分布、土地利用方式、交通基础设施密度又受到技术发展和管理制度的深刻影响。因此，需要产业间加强联动，居民个人与政府、产业协同发力，实现统筹优化，进而加速交通部门深度脱碳。

5.2　双碳目标下交通部门低碳转型路径

交通部门低碳转型需要与碳中和目标、交通强国建设和社会主义现代化建设目标相适应，其转型路径需要融入整个经济社会全面绿色低碳转型的系统性工程当中。本节立足于"双碳"目标的实现和交通部门低碳转型，基于本书设定的 2060 年全部 GHG 中和情景，在对交通低碳政策、结构和技术演变趋势研判的基础上，对未来交通部门低碳转型路径进行仿真，进而分析其低碳转型路径。

5.2.1　研究边界和方法

本章节所涉及的交通部门碳排放量仅包含交通工具运行阶段含碳燃料消费产生的碳排放量，主要包含道路、铁路、水路和航空四类方式，管道运输未包含在内。不同交通方式的碳排放量测算分析方法有所差异（图 5-4）：对于道路交通，主要采用基于汽车保有量的分析方法，即碳排放量可通过汽车保有量、年均行驶里程、燃料消耗率和燃料碳排放强度四者的乘积计算，需要通过对未来经济社会数据的假设和判断及汽车技术特征的刻画，实现对四个指标的预测进而分析碳排放量；对于铁路、水运部门，采用周转量法，即碳排放量可通过运输周转量、运输服务能耗强度和燃料碳强度三者进行乘积计算，其中周转量主要对应运输需求，能耗强度涉及交通工具动力技术、车辆性能等，燃料碳强度与燃料类别有关；对于航空运输，客运数据基础相对较好，其碳排放量计算方法与道路交通类似，但对于货运数据，由于机队结构、运行特征的数据相对缺乏，因此采用周转量法进行计算。

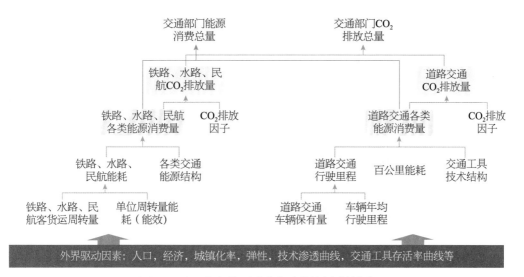

图 5-4　交通部门能源消费和碳排放量计算框架

　　模型所需的基础数据来源主要有三方面：人口、GDP、交通运输活动量、交通工具保有规模和结构等历史数据来自国家统计局发布的统计年鉴和交通管理部门发布的统计年报等官方文件；交通工具行驶强度、燃料消耗强度、交通工具载荷率、燃料碳排放强度等技术特征主要来自交通运输部规划研究院、中国汽车技术研究中心等交通行业研究机构的行业研究报告、IPCC 评估报告及相关学术文献；分析预测未来交通部门能源消费和碳排放所需的人口、GDP、交通运输需求、不同燃料/动力技术交通工具的渗透结构等数据，主要来自世界银行、社会科学院等机构及工信部、国家发改委等部委相关文件和相关文献调研。

5.2.2　交通运输结构优化

　　随着生活水平的提升，居民出行需求仍将增加，并在 2030 年将快速增长，2050 年较 2020 年翻一番，之后逐渐放缓，2060 年接近饱和。道路运输是主要的运输方式，一直占据主导地位；民航客运增速最快，2020—2060 年年均增速为 3%。随着交通货运结构调整，逐步向非公路部门转移。2040 年前后，货运需求随大宗商品运输需求增速下降而达峰。

　　当前，中国货物运输以道路交通为主。研究结果显示，货物运输的能耗强度是铁路的 4～5

倍，未来货物运输结构调整的主要方向是"公转水""公转铁""多式联运"，降低道路运输在货运中的占比。碳中和目标下，高铁的发展将加速对城间客运民航运输量的替代，如图 5-5 所示。2035 年后，高速铁路完成对 25% 民航新增运输需求的替代。城中客运方面，共享出行和自动驾驶可能会使出行需求增多。2060 年，公共汽车和出租车保有量相比 2020 年将分别增长1.3 倍和 2.3 倍。

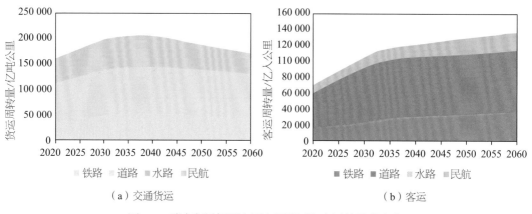

（a）交通货运　　　　　　　　　　　　　（b）客运

图 5-5　碳中和目标下中国交通货运和客运的需求变化

5.2.3　交通部门低碳转型路径

1. 总体排放路径

为支撑实现"双碳"目标，中国交通部门的碳排放量须力争在"十五五时期"达峰，碳排放量峰值应力争控制在 10 亿吨以内，并在 2060 年力争降至 1.3 亿吨。

交通部门的能源消费在 2035 年前后达到峰值 7.1 亿 tce，2060 年降至 3.72 亿 tce。能源消费结构从"一油独大"逐步转为由电氢主导，2060 年，电能和氢能消费占比分别达到 44% 和 25%，油品消费占比不足 20%，如图 5-6 所示。

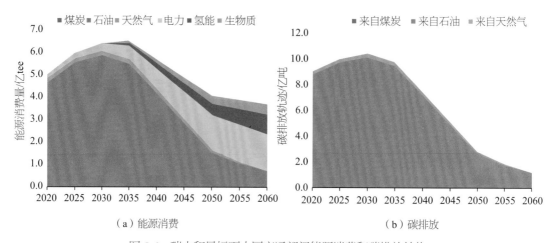

（a）能源消费　　　　　　　　　　　　　（b）碳排放

图 5-6　碳中和目标下中国交通部门能源消费和碳排放结构

从排放部门看，随着新能源汽车等低碳交通工具的发展，道路交通碳排放量在 2030 年前达到峰值后将迅速下降。2060 年，道路运输、民航运输和水路运输的碳排放量占比分别为 32.0%、36.6 和 29.8%。

碳中和目标下中国交通部门碳排放如图 5-7 所示。

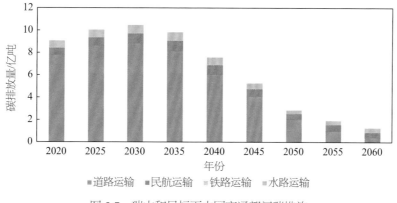

图 5-7　碳中和目标下中国交通部门碳排放

为实现交通部门以上近零碳排放目标，需要协同推进运输结构优化，以及道路、铁路、航空和水路等各交通子部门的燃料替代、创新技术应用等。

2. 道路运输转型路径

节能技术和替代燃料加速渗透。按照政策目标及技术进步趋势，2019—2035 年，乘用车油耗水平每年下降 3.0%～4.6%，2035 年载货汽车油耗较 2019 年下降 15%～20%，大型载客汽车油耗下降 20%～25%。根据发达国家的经验，随着经济增长和人均收入水平提升，千人汽车保有量通常比较高，发达国家普遍超过了 500 辆 / 千人，美国超过了 800 辆 / 千人。按照发达国家规律并结合我国未来经济和人口的预测，2035 年我国汽车保有量将增至 5.2 亿辆，2045 年达到 5.4 亿辆，并在 2060 年基本维持这一水平。电动化率迅速提升，2035 年、2050 年和 2060 年电动汽车保有量分别达到 1.5 亿辆、3.4 亿辆和 4.0 亿辆。新能源汽车保有量增长迅速，但 2060 年燃油车仍留存 1 亿多辆，主要是因为本研究对汽车使用强度设定相比其他研究相对较小，汽车寿命相对较长，这导致新能源汽车增量增长很快，存量替代相对较慢。此外，除电动化、氢能化外，生物质燃料、电基合成燃料（醇醚、油品）等替代燃料也将得到一定应用，只需对现有燃油内燃机技术做一定改进即可直接推广。碳中和目标下中国车队组成如图 5-8 所示。

加快新技术应用。自动驾驶技术和智能网联系统是车辆技术的一项重要变革，能够充分发挥交通基础设施效能，提升交通系统运行效率和管理水平。预计至 2035 年，几乎全部车辆将装配有不同等级的自动驾驶功能，完全自动驾驶技术将开始应用，道路通行能力能够明显提高。

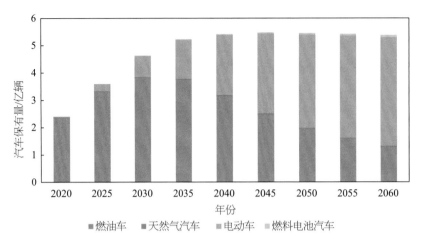

图 5-8　碳中和目标下中国车队组成

3. 铁路运输转型路径

进一步提高电气化比例。除少数高原地区或运输难度大时采用氢能机车实现替代，电力机车在 2060 年占比接近 100%，高铁动车组将随着高铁线路的开通而快速增加，2060 年高铁动车组数量将比 2020 年增加 1.6 倍，高铁动车组保有量将达到 1.5 万标准列，与 2020 年相比年均增长率为 9.7%。

推广关键铁路节能技术。目前，中国高速铁路快速普及、发展迅速，但也必须看到，速度大幅提升的同时，能耗也会随之提高。因此，需要加大新式车组的关键节能技术的研发工作，攻克技术难关，减少电气化动车组的全生命周期排放，包括铁路牵引技术、列车牵引供电系统制动能量回馈技术。2060 年电力机车和高铁动车组能效较 2020 年分别提升 15.0% 和 9.1%。同时，需要进一步完善铁路能源管控系统，提升整体运输调度效率。

4. 航空运输转型路径

中国已开始在相关政策规划中对民航关键脱碳技术发展做出系统布局，但由于飞行安全的高标准及飞机技术构造和运输系统的复杂性，民航运输是交通部门中脱碳难度最大的交通方式之一，其转型主要有三方面举措：推动运输结构调整，加快发展高速铁路，促进民航运输向能耗和碳排放强度更低的运输方式转移；注重节能技术，推广翻新技术、新代际飞机和颠覆性技术，注重管理技术应用，提升单机和机队运行性能，有效降低运行能耗；加快燃料替代。生物质燃料是最易实现推广的替代燃料技术，2035 年前应着力发展即用型生物质燃料并推广其规模化应用，长期来看，需发挥氢价降低后氢能飞机的经济性优势。

5. 水路运输转型路径

LNG、甲醇、生物燃料、电力、氢能、氨等技术多元化发展。对于内河及沿海航运，由于船舶载重吨位较小、航程较短，燃料转型选择较多，近中期以液化天然气（LNG）船舶为主，适时推进甲醇、生物燃料、电气化和氢等；对于远洋航运，由于船舶载重吨位较大、航程较长，近中期 LNG、生物燃料等将成为发展重点，从中长期看，氨、甲醇船舶等零碳燃料更具发展前景。

持续提升船舶能效。船队能效提升主要分为现役船队运行能效提高和新售船舶能效提升两方面。从现有船舶技术来看，船体结构改造、动力和推进系统升级等的节能减排技术转型措施可以带来 5%～15% 的减排潜力，主要船型的新造船舶的节能潜力可以达到 10%～25%，船舶能效提升可能在 2060 年使排放减少约 8%。

5.3　交通部门低碳转型主要目标与政策措施

交通部门需在政策、技术、管理等方面共同发力，继续加大引导绿色出行、调整运输结构、提升装备能效水平、推广新能源交通工具等方面的力度，但应把握好达峰与中和两个阶段的节奏，以及与 2035 年基本实现社会主义现代化远景目标和交通强国建设目标的联系。

5.3.1　主要目标

（1）2030 年前，全国整体处于努力达峰阶段，此阶段交通领域与全国同步实现碳达峰存在较大挑战，重点是加快建设和完善低碳基础设施，大力推广绿色节能交通工具，形成绿色低碳交通体系，健全推动交通低碳转型的制度政策体系和体制机制，让低碳运输和出行成为社会和公众的自觉选择，力争将达峰时间提前至 2030 年前后，为 2035 年交通强国目标和社会主义现代化远景目标做好支撑。

（2）2030—2060 年，全国整体碳排放从达峰步入中和阶段，此阶段整个经济社会发展方式将发生根本性变革，交通部门从实现达峰，到逐步实现近零碳排放，零排放交通工具和燃料得到全面普及，适应新型绿色低碳交通体系发展的基础设施和体制机制全面完善，在满足居民高质量需求基础上，"零碳"成为社会和个人运输及出行选择的核心追求。

5.3.2　关键政策措施

为推动实现交通部门深度脱碳，节能与替代协同，技术与行为并重，重点从以下五个方面发力。

（1）针对传统化石能源动力的交通工具，大力提升交通工具能效，加大混合动力汽车、下一代飞机等先进能效技术的支持力度，提高燃油车船航空能效标准，降低燃料消耗和碳排放强度。

（2）加速替代燃料渗透力度。政产学研协同发力，加快交通领域燃料电池技术、高性能动力电池、生物燃料、绿氨、电基合成燃料的示范和应用等低碳技术的降本和商用化进程，力争于 2060 年实现乘用车、出租车和公共汽车的完全电动化，货车车队中新能源车成为主导。推动氢能飞机和电动飞机加快试飞和商业化进程。推动船队中电动船舶和氢能船舶等新能源船舶的保有量在 2045 年后快速增加。

（3）加速运输结构优化和居民出行方式引导。整合运输资源，长距离大宗货物运输由公路有序转移至铁路和水路，发展多式联运，构建绿色货运服务网络。促进城间交通由客车、民航向高铁转移。提升交通运输智能化、信息化水平，提升运输系统能效。大力培育居民绿色出行理念，完善城市公共交通服务网络，加大对公共交通的路权保障，促进城市客运结构向公共运输及自行车等慢行交通方式转移，整体提升城市绿色出行水平。

（4）加快建设适应高比例电动化出行的新型基础设施和新能源供给设施，加快构建便利高效、适度超前的充换电（新能源补给）网络体系，为新能源汽车的行驶创造有利环境。加大船舶受电设施建设和改造力度，完善港口岸电设施建设，新建码头同步规划、设计、建设岸电设施。推进以低碳排放为特征的绿色公路、绿色航道、绿色港口建设。

（5）综合运用多种低碳技术，特别是加大信息通信技术（ICT）与交通系统的融合，以及超级高铁、颠覆性机身技术等先进颠覆性技术的研发和推广。

第 6 章

建筑部门低碳转型

建筑是我国温室气体排放来源的三大终端能源消费部门之一，也是未来我国温室气体排放的潜在增长点。本章从建筑部门的发展现状与低碳转型趋势入手，采用建筑用能与碳排放分析模型进行情景测算，再结合建筑部门发展的关键问题，提出碳中和目标下建筑转型路径与政策建议。

6.1　建筑部门发展现状与低碳转型趋势

建筑部门与国民生活水平密切相关，随着城镇化进程的不断推进和居民生活水平的不断提高，其能源消费总量近些年来持续刚性增长，碳排放量总体也呈上升趋势。根据清华大学建筑节能研究中心（BERC）数据[①]，2020 年我国民用建筑建造和运行阶段[②]的能耗约占全国总一次能耗的 11% 和 21%（按发电煤耗法计算），建造和运行相关二氧化碳排放约占全国能源活动二氧化碳排放总量的 13% 和 19%。中央推动碳达峰、碳中和目标力度空前，双碳"1+N"政策体系也在逐步完善，建筑部门减排政策与规划相继出台，全面推进建筑部门节能减排是助力达成双碳目标非常重要的一环。

6.1.1　建筑规模

我国地域辽阔，气候条件和地域生活习惯差异显著。人口总量是影响国民经济的重要指标，城乡人口结构受人口总量和城镇化率的影响和制约。根据中国统计年鉴发布的数据[③]，近十年我国

---

① 数据来源：中国建筑节能年度发展研究报告 2022（公共建筑专题）。
② 本研究中，建筑建造阶段能耗包含了建材生产、建材运输以及现场施工三个阶段的能源消耗，建筑运行阶段能耗是指建筑运行过程中，为了实现建筑各项服务功能所消耗的能源，包括供暖、空调、通风、照明、炊事、生活热水、连接插座的各种电器、电梯等。
③ 根据中国统计年鉴 2021 测算。

城镇化高速发展，人口大规模迁徙到城市，城镇人口逐年增加，农村人口逐年显著减少。截至2020 年，我国人口总量达到 14 亿，其中城镇和农村人口分别为 9 亿和 5 亿，城镇化率达 60.4%。

我国城镇化进程极大带动了建筑工程规模的扩大，城乡建筑面积大幅增加。如图 6-1 所示，2010—2020 年，我国建筑规模逐年显著增长，2020 年我国民用建筑总面积 660 亿平方米，与2010 年相比增加 37%。随着人口大规模迁徙到城市，城镇住宅面积需求增加，农村住宅面积持续减少，2020 年我国城镇住宅和农村住宅面积分别为 292 亿平方米和 227 亿平方米，相比 2010年分别增加了 66% 和减少了 3%；2020 年公共建筑面积达 140 亿平方米，比 2010 年增加了 42%。

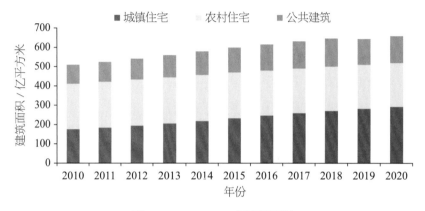

图 6-1　2010—2020 年建筑面积

人均住宅面积是反映一个国家的经济水平和居住模式的重要指标。美国和加拿大的人均住宅面积分别为 69 平方米 / 人和 57 平方米 / 人，显著高于其他国家水平；意大利、德国、英国、法国和日本的人均住宅面积在 33~43 平方米 / 人，处于中等水平；韩国和西班牙的人均住宅面积分别为 27 平方米 / 人和 25.8 平方米 / 人，低于世界其他发达国家水平。目前中国城镇居住面积总量已经可以满足我国国民的居住需求，2019 年我国城镇和农村人均住宅面积分别达到 39.8 平方米 / 人和 48.9 平方米 / 人[①]，其中城镇人均住宅面积已经达到发达国家中等水平。

6.1.2　能源消费量现状

如图 6-2 所示，按照电热当量法计算，2010—2020 年，我国建筑部门运行阶段能源消费总量（含商品能耗与传统生物质）从 6 亿 tce 增长到 7.8 亿 tce，呈稳定上升趋势，这主要是由于我国国民生活水平的提升与第三产业的持续发展。从能源品种来看，2010—2020 年，化石燃料消费量呈缓慢上升趋势，2020 年化石燃料消费量约 4.4 亿 tce，占终端能源消费比例的 57%；电力消费逐年显著增长，2020 年电力消费量约 2 万亿千瓦时，折合 2.46 亿 tce，占

① 此处数据来自《中国统计年鉴》，是对全国城镇家庭户进行大规模抽样调查得到的结果，不考虑城镇中的学生、军人等无房城镇居民，能够更真实地反映城镇住宅的单元面积和家庭户的居住水平，但不等于实际建筑规模除以人口得到规模数据（这一口径下城镇人均居住面积为 32.4 平方米 / 人）。本研究基于这一结果分析未来城镇建筑发展趋势。

比 31.5%；传统生物质消费量呈缓慢下降趋势，2020 年消费量为 0.9 亿 tce，占比 11.5%。与 2010 年相比，建筑部门运行总能耗增长近 30%，电力消耗增加一倍多，生物质能耗下降约一半。

目前我国人均建筑用能与全球平均水平接近，显著低于美国、欧盟、日本等国家与地区，约为美国的五分之一，低于欧洲各国与日韩的一半。根据 BERC 的相关研究，和世界其他国家相比，我国建筑运行阶段的人均化石能源消费和单位建筑面积化石能源消费均处于较低水平。同时，我国建筑电气化水平也低于其他发达国家。因此，在碳中和目标下，建筑部门调整能源结构、全面电气化具有巨大潜力。

与大部分发达国家不同，由于我国城镇和农村经济发展状况不同，我国城乡住宅能源消费差异较大。一方面，城镇住宅以煤、燃气和电为主，农村住宅除了商品能耗外，秸秆、薪柴等生物质能耗也占较大部分，随着农村煤改清洁能源政策逐步实施，非商品能耗逐步被商品能耗替代。另一方面，城乡消费水平和生活习惯存在差异，家用电器保有量和使用时间不同，是影响城镇和农村住宅能耗的主要因素。

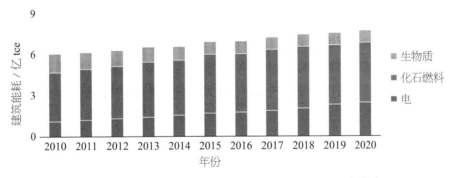

图 6-2　2010—2020 年我国建筑部门运行阶段能源消费总量

6.1.3　二氧化碳排放量现状

我国建筑部门运行阶段相关碳排放主要分为化石燃料燃烧产生的直接碳排放和外购热力、电力产生的间接碳排放。如图 6-3 所示，2010—2020 年，我国建筑部门运行阶段相关碳排放总量显著增长，其中直接碳排放量呈下降趋势，建筑用电导致的间接碳排放量迅速增加，用热间接碳排放量缓慢增长，这主要是由于近年来能源结构调整、北方清洁供暖推进等工作取得了成效。

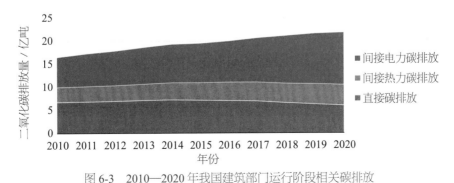

图 6-3　2010—2020 年我国建筑部门运行阶段相关碳排放

2020 年我国建筑部门运行阶段相关碳排放总量约 21.8 亿吨 CO_2，约占全国二氧化碳排放总量的五分之一。其中直接碳排放 7.1 亿吨 CO_2，热力导致的间接碳排放 4.2 亿吨 CO_2，电力导致的间接碳排放 10.5 亿吨 CO_2。此外，建筑中空调机组含氟制冷剂会带来非二氧化碳温室气体排放，目前每年的排放量约为 1 亿吨 CO_2。这部分的未来趋势与减排措施将在非二氧化碳温室气体减排章节中进行论述，本章主要聚焦于建筑部门运行过程中能源消耗产生的二氧化碳排放。

除了建筑运行过程，持续增长的建筑规模也导致建筑建造（包括建材生产运输、建造过程等）的能耗与碳排放量持续维持在高位。2020 年，这一部分的能耗约 5 亿 tce，碳排放量约 15 亿吨 CO_2（含水泥生产过程中的碳排放量）。这一部分一般统计在工业部门，但建筑规模的控制是节能减排的重要途径。

6.1.4 建筑部门节能减排政策

建筑部门未来低碳转型需要同时满足我国人民生活水平进一步提升及实现国家节能减污降碳目标。随着我国双碳目标的提出，建筑部门减排力度不断加大，相关机构出台了一系列减排政策与规划，如表 6-1 所示。

表 6-1 双碳目标提出后发布的建筑部门减排相关主要政策

序号	政　策	时间与机构	主　要　目　标
1	"十四五"公共机构节约能源资源工作规划	国家机关事务管理局、国家发展改革委(2021年6月)	2025 年，公共机构能源消费总量小于 1.89 亿 tce，碳排放总量小于 4 亿吨；单位建筑面积能耗、人均综合能耗、单位建筑面积碳排放比 2020 年分别下降 5%、6%、7%
2	关于推动城乡建设绿色发展的意见	中共中央办公厅、国务院办公厅（2021年10月）	2025 年，城乡建设绿色发展体制机制和政策体系基本建立，建设方式绿色转型成效显著，碳减排扎实推进； 2035 年，城乡建设全面实现绿色发展，碳减排水平快速提升
3	深入开展公共机构绿色低碳引领行动促进碳达峰实施方案	国家机关事务管理局等 4 部委（2021年11月）	有条件的地区 2025 年前实现公共机构碳达峰、全国公共机构碳排放总量 2030 年前尽早达峰
4	加快农村能源转型发展助力乡村振兴的实施意见	国家能源局等 3 部委（2021 年 12 月）	2025 年，建成一批农村能源绿色低碳试点，风电、太阳能、生物质能、地热能等占农村能源的比例持续提升，绿色、多元的农村能源体系加快形成
5	促进绿色消费实施方案	国家发展改革委等 7 部委（2022 年 1 月）	2025 年，绿色消费理念深入人心，绿色低碳产品市场占有率大幅提升，重点领域消费绿色转型取得明显成效； 2030 年，绿色消费方式成为公众自觉选择，绿色低碳产品成为市场主流，重点领域消费绿色低碳发展模式基本形成

序号	政　策	时间与机构	主　要　目　标
6	"十四五"住房和城乡建设科技发展规划	住建部（2022年3月）	2025年，科技对推动城乡建设绿色发展、实现碳达峰目标任务、建筑业转型升级的支撑带动作用显著增强
7	"十四五"建筑节能与绿色建筑发展规划	住建部（2022年3月）	2025年，建筑运行一次二次能源消费总量11.5亿tce，城镇新建居住建筑能效水平提升30%、公共建筑提升20%
8	关于促进新时代新能源高质量发展的实施方案	国家发展改革委、国家能源局（2022年5月）	2025年，公共机构新建建筑屋顶光伏覆盖率力争达到50%；鼓励公共机构既有建筑等安装光伏或太阳能热利用设施
9	财政支持做好碳达峰碳中和工作的意见	财政部（2022年5月）	支持北方采暖地区开展既有城镇居住建筑节能改造和农房节能改造，分类制定绿色建筑和绿色建材政府采购需求标准
10	城乡建设领域碳达峰实施方案	住建部、国家发展改革委（2022年6月）	2030年前，城乡建设领域碳排放达到峰值；力争到2060年前，城乡建设方式全面实现绿色低碳转型
11	减污降碳协同增效实施方案	生态环境部等7部委（2022年6月）	推进城乡建设协同增效，在农业领域大力推广生物质能、太阳能等绿色用能模式
12	"十四五"全国城市基础设施建设规划	住建部、国家发展改革委（2022年7月）	2025年，绿色社区建设比例不小于60%，城市供热管网热损失率较2020年降低2.5%

注：《中共中央国务院关于完整准确全面贯彻新发展理念做好碳达峰碳中和工作的意见》《2030年前碳达峰行动方案》等顶层设计文件也对建筑减排提出了相关部署，考虑大部分内容在具体的部门规划政策中均有更细致的说明，本表格未包含以上文件。本表格未包含地方文件。

　　从表6-1中可以看出，不同机构结合自身职能，对建筑部门从不同角度提出了减排要求，并就"十四五"、2030年达峰前及2035年的有关工作进行了部署。综合各项政策文件，下一阶段我国建筑领域将持续推动建筑节能，同时延续"十三五"时期开始的清洁供暖工作，电气化与建筑光伏一体化的推动力度显著增强，并新提出了推动"光储直柔"建筑。从表6-1中还可以看出，建筑部门减排措施呈现多元化趋势，除了传统的住建部门外，国家发展改革委、国家能源局、生态环境部、财政部等也对建筑减排提出要求，建筑减排路径的实施与交通、电力、工业等部门的联动需求显著增加，需要共同发力才能实现减排目标。

6.2　碳中和路径下建筑部门低碳转型情景分析

6.2.1　测算依据

　　基于我国经济社会发展态势、能源消费总量、碳排放总量，以及各领域能源消费历史变化趋势，综合考虑建筑部门双碳目标下各项政策和规划，本研究采用自上而下和自下向上方法相结合的方式，分析预测我国建筑部门运行能耗及碳排放量的总体目标及阶段性目标。

6.2.2 模型构建及边界

国内外对于能源需求及碳排放分析预测的模型主要分为自上而下和自下而上两大类。本研究采用自上而下和自下而上相结合的模型方法，如图 6-4 所示，测算主要聚焦我国民用建筑运行阶段能源消费量和二氧化碳排放量。建筑部门运行能耗分类包括北方城镇供暖能耗、城镇住宅能耗、农村住宅能耗和公共建筑能耗。碳排放量包括化石能源燃烧产生的直接碳排放和外购热力、电力产生的间接碳排放。传统的建筑领域研究仅包含民用建筑。近年来，数据中心发展迅速，正在成为能耗与碳排放的重要增长点。考虑到目前部分数据中心与公共建筑连接紧密，且本研究的工业部门重点关注传统工业，在本章的后续分析中，也将数据中心纳入考虑。数据中心在 2035 年前的发展规模主要参考已有研究结果，2035 年后普遍认为预期发展速度与规模存在高不确定性，本研究综合发展趋势、能源需求量等进行了初步估算。

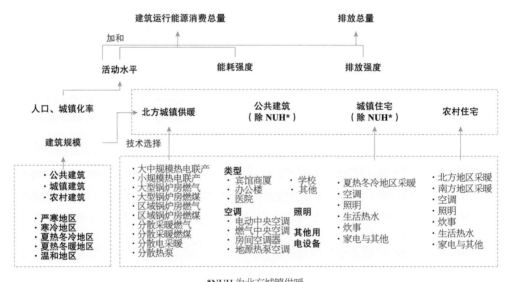

图 6-4 我国建筑部门运行阶段能耗和碳排放测算模型

6.2.3 情景设置与宏观指标预测

本节基于 2060 年碳中和我国长期低碳排放情景设置，综合考虑建筑部门当前能耗与碳排放情况及趋势、近三年有关政策部署、面向中远期的经济社会发展与减排目标等，测算未来建筑部门能源和碳排放发展的可能路径。总体来说，建筑部门总碳排放量应在 2030 年前达峰并尽快实现稳中有降，在 2060 年前实现近零排放。不同阶段的情景设定考虑如下。

当前至 2035 年，建筑部门的主要减排目标为在保证居民生活发展需求的前提下尽早达峰并实现稳中有降，为后续进入深度减排阶段做好准备。各项措施与力度的设定主要基于两方面考虑：一是根据《城乡建设领域碳达峰实施方案》等当前已发布的政策规划，这些规划对建筑部门近期发展路径已有一定部署，并考虑政策按趋势延续；二是考虑到建筑本身具有较强的锁定效应，而建筑部门从达峰到碳中和之间仅间隔 30 年左右，在 2025 年后，为了优化建筑减排整体路径和后期成本，需要适当增强措施实施力度。

到 2060 年，建筑部门将实现近零排放（总量在 0.5 亿吨 CO_2 以内）。结合相关研究，对 2060 年建筑部门发展的主要目标设定如下。

（1）建筑规模：保证居民生活水平稳步提升的同时将建筑规模控制在合理范围，城镇住宅人均规模（总面积除以人口）达到 35~40 平方米 / 人，公共建筑人均规模达到 15~20 平方米 / 人。

（2）能耗：控制能耗总量在合理范围内，电耗在 5.53 万亿千瓦时以内；能效显著提升，人均建筑能耗与峰值年相比下降 20% 以上。

（3）能源结构：除北方地区集中供热外，以电力为主要能源形式；北方地区的城镇热源优先采用各类余热，其余为高效热泵；其他地区供热以各类热泵为主，极寒地区的农村辅以少量电加热。

6.2.4　测算结果分析

民用建筑方面，目前我国城镇化建设与居民生活服务水平还存在增长诉求，未来建筑规模也将持续增长，如图 6-5 所示。随着进入经济发展新常态，兼顾减排目标，建筑规模将难以维持过去十多年的快速增长趋势，其增速逐渐放缓，到 2035 年以后稳定在 750 亿～800 亿平方米。其中，城镇住宅与公共建筑规模持续增长，与 2020 年相比，到 2060 年的规模分别增加了 1.3 倍和 1.6 倍；而农村住宅面积由于农村人口的下降与城镇化发展有所减少，2060 年约为 2020 年水平的 70%。

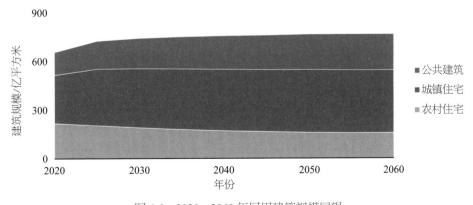

图 6-5　2020—2060 年民用建筑规模展望

民用建筑的能耗运行发展趋势如图 6-6 所示，从图中可以看出，建筑部门的能耗总量在 2030 年以前还将保持增长，峰值约 8.39 亿 tce。之后，随着建筑规模的逐渐饱和、服务水平增长需求减少，以及建筑节能工作的持续加强，建筑能耗将趋于平缓并开始下降，到 2060 年回落至约 6.15 亿 tce。

不同能源品种的比例也将发生较大变化。煤炭、油品与 LPG 能耗均稳步下降；其中煤炭占比将由目前的约三分之一下降至 2050 年的 5% 以内。天然气的用量在 2030 年前会有一定增长，但为了实现碳中和，需要其使用量在之后稳步下降，同时尽量减少新建天然气设施以减少搁浅损失。电力消耗则由于能耗总需求与电气化水平均持续增长而迅速增加，电气化率由当前不足 35% 增长至 2030 年的 46%，到 2060 年达到 85% 以上；参考住建部计算口径，电气化率到 2030 年将增长至 68%、到 2060 年增长至 90% 以上[①]。传统生物质的使用量保持下降趋势，到 2035 年以后逐渐退出使用，但各类零碳燃料将逐渐发展。目前来看，建筑中的零碳燃料主要为能够高效利用的生物质，但未来的氢能等燃料如果发展较快，也可能在部分场景中成为建筑部门的零碳能源选项。

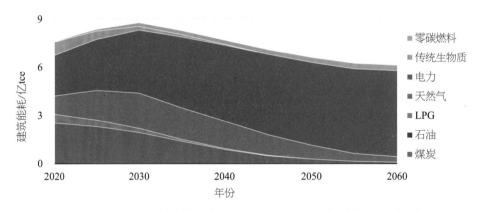

图 6-6 民用建筑部门运行能耗展望（2020—2060 年，电热当量法，分能源品种）

分部门能耗情况如图 6-7 所示。可以看出，随着建筑围护结构性能的提升与热源不断优化，北方城镇采暖用能已进入平台期，随着建筑规模增速的不断放缓，到 2025 年后开始显著下降；公共建筑与城镇建筑（除北方城镇采暖）用能还会在一段时间内保持增长，并随着规模逐渐饱和与服务水平的提升，2030 年后逐渐稳定；农村住宅用能随着农村人口的减少与能效水平的提升将缓慢下降。

---

① 此处电气化率的计算方式与其他章节相同，为根据电热当量法折算的电力消费量除以包含了传统生物质的全部能耗的比例。目前住建部未公布电气化率的计算方法与现状，但根据"十四五"规划中 2025 电气化率 55%、能耗总量 11.5 亿 tce，以及达峰方案 2060 年 60% 的目标，结合现状数据，分析认为住建部的折算方法为根据发电煤耗法折算的电力消费量除以未包含生物质能的商品能耗总量。

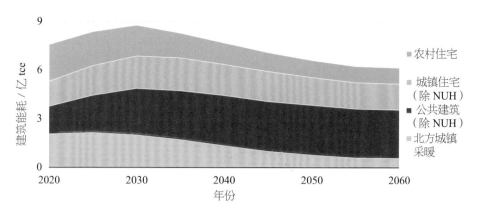

图 6-7　建筑部门运行能耗展望（2020—2060 年，电热当量法，分部门）

　　图 6-8 所示为未来北方城镇供暖热源结构。各类热电联产目前是占比最大的供暖方式，预计到 2060 年也会占到 1/3 以上，但由于燃煤燃气电厂的数量有所下降，因此未来热电联产中核电等零碳电力余热作为热源的占比会显著增加；工业余热（包含工艺流程、数据机房等）占比不断增加，预计到 2060 年在 10%～15%；数据机房余热可能成为未来工业余热的重要来源；燃煤、燃气锅炉都将被逐渐淘汰，到 2060 年使用锅炉的热源占比小于 5%；其余供暖主要依靠各类高效热泵，2060 年有望接近 50%。

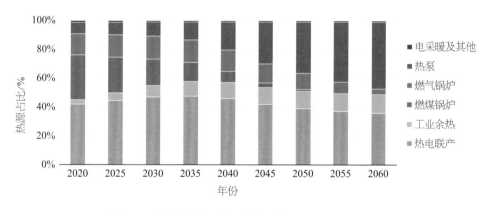

图 6-8　北方城镇供暖热源结构展望（2020—2060 年）

　　建筑碳排放发展趋势如图 6-9 所示，从图中可见，建筑部门的直接碳排放量将维持目前的下降趋势，2050 年前后下降到约 2 亿吨 CO_2，到 2060 年进一步下降到约 0.6 亿吨 CO_2；间接热力碳排放量同时受到集中供热面积增长与低碳、零碳热源占比增加，热电联产效率提升的影响，预计 2030 年前基本保持现状，2030 年之后开始稳步下降，2050 年以前会下降到约 1 亿吨 CO_2，到 2060 年下降到约 0.3 亿吨 CO_2；间接电力碳排放量同时受到电力用能快速上涨与电力碳排放强度下降的影响，预计目前一段时间内会保持增长。到 2050 年，如果电力部门实现零排放,则电力间接排放量也降为零。如果考虑建筑部门的总体排放量,则在 2025 年以前，排放总量还会有一定增长，预计在 2025—2030 年达到峰值。

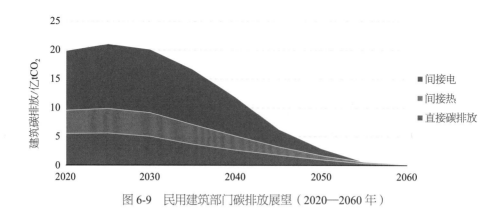

图 6-9　民用建筑部门碳排放展望（2020—2060 年）

数据中心部分，预计到 2035 年，电量增长至 0.6 万亿 kWh，到 2045 年左右，电量增长至约 1 万亿 kWh，2045 年后保持稳定。包含了数据中心的建筑部门能耗与碳排放情况如图 6-10 所示。

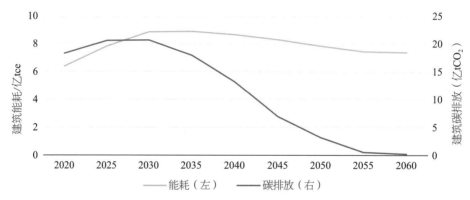

图 6-10　建筑部门能耗与碳排放总量展望（2020—2060 年，含民用建筑与数据中心）

6.3　实施目标路径与政策建议

6.3.1　目标路径

建筑部门需要推动碳排放量尽早达峰，到 2030 年实现稳中有降，2060 年以前尽早实现近零或净零排放[①]。

1. 2020—2030 年

中国仍处于城镇化推进时期，存在建筑规模增长、服务水平提升的刚性需求，需要在合理规划与引导建筑用能需求的同时，加快推动建筑节能和电气化应用，热源优化、推广零碳热源，发展光伏建筑一体化。

---

① 这一部分的能源消耗量、电气化率等均采用电热当量法计算。

民用建筑部门运行能耗总量于 2030 年前后进入平台期，能源结构优化初见成效，煤炭占比与 2020 年相比下降约 10%，民用建筑电气化率提升至 50% 以上。碳排放总量在 2025—2030 年达到峰值，峰值约为 20 亿吨 CO_2（含间接排放）。

2. 2030—2050 年

伴随低碳转型的逐步推进及经济社会发展模式的转变，建筑规模增速逐渐放缓，到 2035 年以后稳定在 750 亿～800 亿平方米左右。电气化提升与供热零碳化逐渐成为减排的主要抓手。随着光储直柔建筑的不断成熟，我国需要推动建筑柔性用能，鼓励建筑更多地参与电力系统调节。

到 2050 年，运行能耗总量回落至当前水平。化石能源消费显著下降，煤炭占比下降至 5% 以内（主要为北方燃煤热电联产集中供热），电气化率进一步提升至 70% 左右；直接碳排放量与间接热力碳排放量将分别降到 1 亿吨 CO_2 左右；如果电力部门实现零排放，则电力间接排放量也降为零。

3. 2050—2060 年

持续推进前期工作，进一步发展建筑部门在电力系统的参与度，保障电力系统安全稳定运行。

到 2060 年，建筑能耗趋于平缓并开始下降，到 2060 年回落至约 7.38 亿 tce；民用建筑电气化率达 85% 以上；碳排放总量低于 0.6 亿吨 CO_2。

6.3.2　建筑低碳转型的关键问题

基于已有政策分析与情景测算，识别出我国未来建筑部门低碳转型需要着重解决北方城镇采暖转型、农村零碳用能系统推进，以及建筑电气化提升与"光储直柔"建筑发展问题。

1. 北方城镇建筑供暖转型

北方城镇建筑供暖长期以来一直是建筑部门节能减污降碳的关键问题。自《北方地区冬季清洁取暖规划（2017—2021 年）》发布以来，我国北方地区城镇清洁供暖率持续增长，北方城市冬季空气品质得到显著改善。但是，对照未来的碳中和目标，目前的许多清洁采暖方式，如天然气锅炉、煤电热电联产等，虽然"清洁"但难以实现"零碳"。并且，由于集中供热管网等基础设施的使用年限往往在 30 年以上，供热形式与热源往往具有较强的锁定效应。因此，需要对未来供热方案进行提前谋划，供需两侧共同发力，找寻适宜方案。

在需求侧，需要合理控制北方城镇建筑规模，并通过新建建筑标准提升，既有建筑节能及供热需求的合理控制引导改造降低供暖需求。测算认为，通过相关政策措施的合理规划部署，到 2060 年，北方城镇的建筑平均热需求将由现在的 0.35 吉焦／平方米降到 0.25 吉焦／平方米以内，建筑热力需求总量在 50 亿～60 亿吉焦。随着我国逐渐步入新型城镇化时期，新建建筑量逐渐下降，这一部分工作的重点会逐渐转为既有建筑改造。近年来，我国正在大力推动老旧建筑改造，但是目前节能绿色改造的相关部署还不足以支持未来的节能减排需求，需要在未来进一步增强。

在供给侧，需要寻求足够的零碳或低碳热源，在尽可能减少管网搁浅成本损失的前提下实现零碳供暖。集中供暖还需要提升管网性能，降低热力传输过程中的损耗。考虑我国北方城镇地区已经建成了集中供暖系统，70% 以上的管网建于 2010 年以后，且北方地区未来还会存在一部分火电、核电、工业余热、数据机房等零碳热源，预计未来我国北方城镇供暖热源会优先在技术与经济性可行的前提下应用不同形式的余热热源，在难以应用余热的地区采用不同形式的热泵。测算表明，到 2060 年，在电力与工业部门的不同路径下，各类余热能够提供北方城镇地区 30%～60% 的热力需求；如果能够进一步回收全年其他时间的余热，则这一比例有望进一步提升至 80% 以上。因此，需要推动深度余热回收、跨季节储热等相关技术的研发示范，不同地区结合自身资源禀赋与供暖需求，在充分考虑未来余热资源变化情况的基础上制定中长期热源规划。

在 2035 年以前，我国一方面需要持续推进建筑节能，着重对老旧建筑开展节能改造；另一方面要在目前清洁供暖的基础上，结合未来减排需求与可得热源进行供暖规划，充分挖掘有关余热资源并做好技术储备，为 2060 年以前实现零碳供暖做好技术与政策支撑。

2. 农村零碳用能系统构建

我国农村地区目前还大量使用煤炭与传统生物质（薪柴、秸秆等）满足炊事、供暖等需求，部分地区正在推进天然气入户。考虑碳中和的实现时间周期，农村地区难以复制城镇由煤炭转向天然气再转向零碳能源的历程。目前使用的生物质虽然零碳，但效率低、污染高，长期来看不应成为未来农村的主要能量来源。我们需要结合农村的资源禀赋及不同能源形式的特点，探索适用于农村的零碳用能系统形式与推动手段。

与城镇相比，农村地区具有广阔的空间，拥有丰富的零碳能源资源。一是农村的建筑密度远低于城市，可以充分发展屋顶光伏等可再生能源；据测算，如果充分利用目前的闲置屋顶，年发电量可以达到 2 万亿～3 万亿千瓦时以上，完全满足农村的用电需求。二是农村具有丰富的生物质资源，如果充分回收各种农作物秸秆、薪柴、粪便等，每年可供应生物质能 4 亿～7 亿 tce。生物质作为重要的零碳燃料与原料，未来在工业生产、远洋航空、负排放技术发展等场景中将发挥难以替代的作用。相对而言，农村用能需求具有较大的可替代性，且经济效益较低，在生物质应用优先序上相对较后。

因此，农村地区需要用好自身空间资源，加大零碳电力供应量，自身用能在充分推动节能与电气化的基础上，优先利用屋顶光伏电力，多余能源输出（图 6-11）；同时，做好生物质资源回收，有效加强生物质利用。通过以上改造，可以使农村由目前的能源消费者转变为零碳能源供应者，既解决了用能零碳转型的问题，又能够为农村增加收入。但要实现这一零碳能源系统，还需要进一步解决农村电气化、用电直流化、生物质收集加工、农村储能等技术与机制问题。

在 2035 年以前，农村地区首先需要尽快根据自身特点制定未来零碳发展规划，合理控制天然气等非零碳能源的发展规模。在能源使用方面，稳步推动农村电气化，发展适用于农村的电器产品；在能源供应方面，推进农村光伏与生物质能源供应体系的建设。争取在 2035 年以前在全国不同层面建成一系列零碳村，积累建设与运行经验，以实现未来农村零碳用能系统的大规模推广。

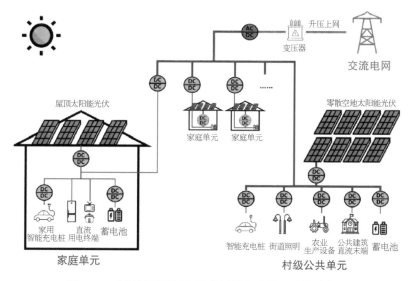

图 6-11 农村基于屋顶光伏的村级直流微网系统示意图

3. 建筑电气化提升与"光储直柔"建筑发展

为了实现零碳用能，建筑电气化是主要手段，将带来电力需求的显著增长。同时，由于可再生电力占比的快速提升，未来电力系统维持安全稳定运行、实现供需匹配也会面临巨大挑战。长期以来，建筑部门在能源系统中一直单纯地扮演着"使用者"的角色，而在新型能源与电力系统中，除了重要的用电部门外，建筑还会通过建设"光储直柔"成为能源"供应者"与"调节者"，更深度地参与到能源系统调节中。

建筑电气化的主要目标是削减建筑内产生的，用于炊事、采暖、生活热水和消毒等功能需求的各类化石能源应用，并结合建筑用能的合理引导将用电需求控制在合理范围内。结合我国未来能源供应能力，到 2060 年，我国建筑电气化水平需达到 85% 以上，用电总量宜控制在 4.5 万亿千瓦时以内（包含自身光伏发电的用电量）。需要开发电气化应用技术，主要包括匹配我国传统烹饪习惯的炊事电气化技术、高效热泵供热与制生活热水和低压蒸汽装置、各类设备效率的持续提升等，并探索行为模式引导、市场引导等机制措施，完善更新全电建筑设计标准与相关基础设施建设标准。

　　"光储直柔"建筑的建设是未来建筑深度参与零碳转型的重要手段。与过去的建筑减排措施相比，这一理念跳出了建筑本身，引入系统性视角挖掘建筑减排的可能性。具体来说，"光"指在建筑表面加装光伏，实现能源供应；"储"指在建筑内加装储能装置，用好建筑本身负荷的可调节特性，并联动电动汽车实现可变负荷；"直"指实现直流供电，通过电压调控蓄电池放电与负载功率；最终使建筑成为"柔"性负载（图 6-12）。由于这一理念相对较新，因此尽管在多份重要文件规划中都提及要予以推广，但技术与机制还存在一些问题需要持续探索。技术方面，主要有进一步提升建筑光伏效率与外观、建筑直流微网性能、直流电器、智能调控、建筑内储能设备等。政策方面，则包括如何核算光储直柔建筑的减排量、如何与电力交通系统实现不同主体的深度交互等。

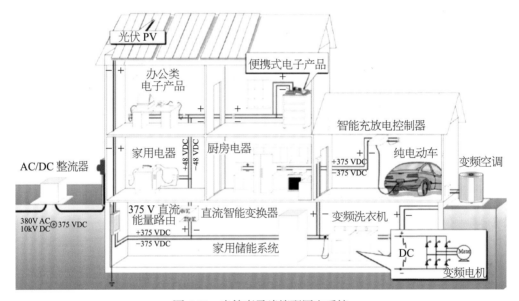

图 6-12　光储直柔建筑配用电系统

　　在 2035 年以前，需要完善建筑电气化与光储直柔建筑的推广机制，实现技术突破，完善标准规范，为之后大规模推广做好充分准备。实现新建建筑以全电建筑为主，并推动既有建筑的电气化改造，各类燃气等化石能源应用设备进入淘汰期。建成一定数量的不同气候区、不同建筑类型的光储直柔建筑示范，鼓励新建建筑都采用"光储直柔"的方式，探索既有建筑的改造途径。

6.3.3　实施路线与政策建议

1. 2035 年以前的主要任务

　　综合现状分析、情景测算及关键问题讨论，在 2035 年以前，建议建筑部门主要开展以下工作。

（1）尽快明确建筑部门碳排放核算方法与评价体系。尽管政府已颁布了多项政策，但目前建筑领域能耗与碳排放的核算方法与评级体系尚未完全建立，部分规划中虽然提及了如达峰时间、电气化率、能耗总量等定量指标，但对这些指标的范围、核算方法等都缺乏详细说明，这可能导致在后续工作推动中难以考核、指标难以分配落地等问题。因此，应尽快结合我国建筑部门用能与碳排放特征，明确能耗与碳排放的核算方法，制定数据标准体系，作为后续工作开展的基础。

（2）持续推进建筑节能。长期以来，建筑节能一直是我国建筑部门节能减排的重点。为了稳步实现双碳目标，在很长一段时间内，建筑节能将持续作为我国建筑减排工作的重要抓手。建议修订建筑节能相关法律法规体系，明确以建筑实际用能与碳排放量作为核心目标，并以此为依据制定与落实相关措施。同时，修订并完善《民用建筑能耗标准》，并以此标准为母标准，制定配套的标准体系。加强建筑节能改造力度，实现建筑热需求的显著下降，为零碳热源满足需求提供条件。

（3）控制建筑规模，避免大拆大建。过去十多年来，我国建筑规模长期持续增长。未来如果持续这一趋势，一方面将难以实现建筑能耗与碳排放总量控制目标，另一方面将带来较大的建材需求，给工业减排增加压力。各地政府应根据未来人口规模规划建筑总量，明确各地建筑发展规模，严格控制新开工房屋面积，将之列入新建房屋节能论证体系，控制住宅套内面积与人均公共建筑面积。同时，由大规模建设转入既有建筑的维护与功能提升。在对总量进行合理规划的基础上，逐年减少新建建筑量。合理规划并逐步实施全国范围内对老旧小区、既有市政基础设施等的改造升质。

（4）加快推动建筑用能结构优化，包括推进电气化、北方城镇供暖转型、农村能源系统规划等。对于建筑分散采暖、生活热水、炊事等需求，全面推动电气化普及。北方城镇地区结合自身特征进行热源规划，优先应用各类余热，并采用高效热泵实现供暖需求。农村地区逐步淘汰传统生物质的低效燃烧与散煤燃烧，结合各地资源禀赋、经济发展、建筑特征等论证农村用能改善方式，充分利用空间资源发展屋顶光伏，加大生物质能源的高效综合利用、光伏发电等可再生能源形式在农村建筑的使用。

（5）推动"光储直柔"建筑相关技术体系、政策机制与标准规划的逐渐明确，为建筑实现柔性用能做好技术与政策储备。未来光储直柔建筑将逐渐成为新型能源系统的重要组成部分，但目前技术、政策等还存在诸多空白，需要逐一弥补。需要在 2035 年以前做好技术研发储备，并逐步完善相关标准规范，推广建筑"柔性"用能理念，建设示范建筑与园区，积累实际运行经验，为大规模推广做好准备。

2. 面向 2060 年的低碳转型路径与建议

为了达成在 2060 年前实现碳中和的目标，除了以上主要任务，还需要在以下方面进行长期统筹。

（1）明确转型路径，兼顾近中远期，指明建筑部门低碳转型的总体方向。建筑的正常寿命一般在 70 年以上，相关供热管网的使用年限也超过 30 年。对照我国不足 40 年就需要实现碳中和的减排诉求，目前的新建建筑与基础设施大概率都会在实现碳中和目标时依然存在。为了更好地实现碳中和目标，减少成本，目前建筑部门不仅要针对现状与达峰进行细致规划，也需要对标 2060 年碳中和倒逼政策与技术的部署推广，对转型路径进行统筹规划。

（2）重视行业协同，完善评价体系与基础设施建设，推进建筑部门与交通、电力等相互促进、共同减排。随着减排的不断深入，碳中和目标的系统性特征将不断凸显，多部门协同的重要性日益增强。目前在碳排放治理的政策体系中，关于多部门联动、多措施共举的政策机制尚未完全建立，需要针对不同部门特征推动相关政策部署。

（3）完善政策体系，在规划、标准、补贴等各方面政策制定中充分考虑低碳转型需求及低碳转型的实际落地，给予足够的政策支持。尽管已发布了诸多政策规划，但大部分政策侧重整体规划，对于部分措施手段尚缺乏可操作、可考核的政策体系。相对而言，围护结构性能提升等建筑节能措施推广的政策体系已相对完善，但对于建筑电气化等随碳中和目标提出产生的新措施，相关政策机制尚在制定与探索中。

（4）做好行为引导，从需求侧入手，推动绿色低碳消费模式，扮演好建筑作为能源系统调节者的新角色。行为模式差异是造成建筑用能与碳排放需求存在差别的重要原因。为了稳步实现碳中和目标，建筑部门需要持续推动绿色消费模式，合理控制建筑用能需求。同时，在建筑碳中和目标下，除了传统的减少能源消费量措施外，未来还需要引导居民用能电气化、零碳化，以及鼓励居民更多、更好地消纳可再生能源，助力能源系统深度减排。

（5）推动技术发展，明确以净零排放为目标，寻求技术解决方案，有序开展技术部署与推广。碳中和目标下，各类零碳技术需要在 2060 年以前，即不足 40 年的时间里实现全面推广。建筑部门实现零碳需要落实到每一幢单体建筑，在进行技术全面推广时具有"长尾效应"，更需要对技术普及进行合理规划、稳步推动，以保证零碳目标的最终实现。

第 7 章

电力系统低碳转型

电力行业是我国煤炭消耗和碳排放量最大的单一部门，2021 年我国电力行业碳排放量约占全国二氧化碳排放量的 45%。构建新能源占比不断提高的新型电力系统是实现碳达峰、碳中和的关键抓手，一方面，需要大规模发展新能源和相应的支撑技术，实现电力生产的快速脱碳；另一方面，需要提高终端部门能源消费的电气化率，通过低碳电力替代化石能源消费，支撑终端部门的深度减排，最终实现全经济范围脱碳。本章总结分析我国电力系统低碳转型的现状与趋势，研究探讨实现电力脱碳的技术路径与实施方案，讨论梳理电力低碳转型的挑战与风险，总结提出了相关政策建议。

7.1 我国电力行业发展现状与低碳转型趋势

7.1.1 我国电力行业发展形势和碳排放现状

我国电力行业的发展趋势如图 7-1 所示。

从电源结构来看，近十年来，我国发电装机容量持续增长，装机结构绿色转型持续推进。2012—2023 年，我国发电装机累计容量从 11.5 亿千瓦增长到 29.2 亿千瓦，可再生能源装机突破 15 亿千瓦。2023 年，全国全口径火电装机容量 13.9 亿千瓦，其中煤电 11.6 亿千瓦，同比增长 4.3%，占总发电装机容量的比例为 47.6%，同比降低 4.3 个百分点。水电、风电、光伏发电装机均突破 4 亿千瓦。全口径非化石能源装机容量占总发电装机容量首次超过 50%，煤电装机占比降至 40% 以下。

从电量结构来看，全国电力消费处于逐年上升的状态，电能替代持续推进，非化石能源发电占比持续提升。2023 年全国电力消费量为 9.22 万亿千瓦时，同比增长 6.7%。电力消费结构正日益优化，第二产业用电比例逐步收缩，第一产业、第三产业比例略微扩大，终端电气化率约 28%。全国全口径发电量 9.46 万亿千瓦时，其中化石能源发电量占比为 63.4%，非化石能源发电量占比为 36.6%，可再生能源发电量占比为 32%。2010—2023 年是我国非化石能源发电量高速增长的时期，其占比增加了超 16 个百分点，年均增长约 1.3%。

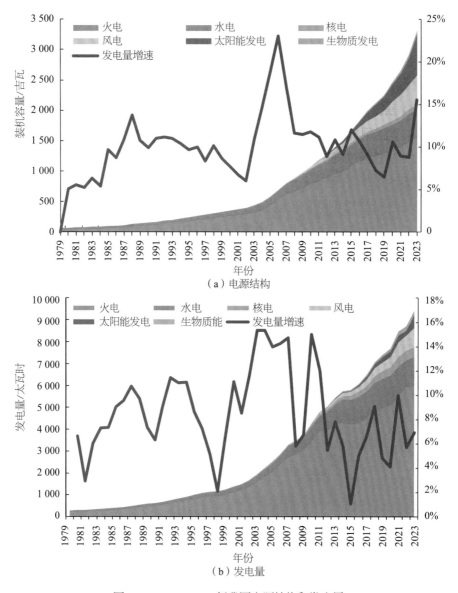

图 7-1 1979—2023 年我国电源结构和发电量

从新增电源结构来看，风、光发电发展迅速，已成为最大的新增装机来源。我国一直保持着较高的新增装机规模，新增装机总规模连续 11 年超过 1 亿千瓦，2023 年高达 3.6 亿千瓦。新增装机逐渐由以火电和水电为主转向以非化石能源发电为主，至 2023 年，非化石能源发电装机容量占新增装机容量的比例达到 84%，火电占新增装机容量的比例仅为 16%。与此同时，风电和太阳能发电占新增装机容量的比例也迅速增加，2023 年风、光发电新增装机容量合计近 3 亿千瓦,新增太阳能发电装机(217 吉瓦)已经超过风电(76 吉瓦),成为最大的新增装机来源,如图 7-2 所示。

图 7-2 2001—2023 年新增装机容量构成

从储能发展方面来看,随着国内新能源发电规模大幅增长,储能市场也在迅速发展。2023 年,我国储能装机功率为 83.7 吉瓦,位居全球第一。抽水蓄能装机功率 50.6 吉瓦,占比 60.5%;蓄热蓄冷装机功率为 930.7 兆瓦,占比 1.11%;电化学储能装机功率为 25 吉瓦,占比 29.9%;其他储能技术(此处指压缩空气和飞轮储能)的装机功率占比为 8.6%,如图 7-3 所示。在锂电池成本持续下降的推动下,锂电池已经占据新增电化学储能装机的绝对优势,2023 年占新增装机容量的比例近 90%。

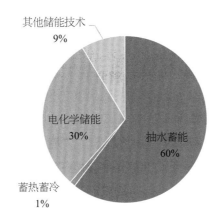

图 7-3 2023 年我国储能装机容量构成

从电网发展来看,已初步形成跨区交直流互联大电网,电网投运总规模保持平稳增长趋势。目前,全国电网形成了以东北、华北、西北、西南、华中、华东、南方七大区域电网为主体,区域电网内部构架清晰、分层分区,区域电网间交直流互联,覆盖全部省(区、市)的大型电网。国家电网形成"十三交十二直"的特高压电网,南方电网形成"八交十一直"的西电东送大通道，全国大电网基本实现联通，西电东送能力达到 2.6 亿千瓦。各区电源、负荷的时空互补特性为开展跨区跨省电力外送、安全互济提供了物理基础。

电力市场是我国统一开放、竞争有序的现代市场体系的重要组成部分。2015 年，《关于进一步深化电力体制改革的若干意见》（中发〔2015〕9 号）实施以来，我国电力市场建设持续向纵深推进，取得了显著成效。"统一市场、两级运作"的市场总体框架基本建成，形成了覆盖省间省内，包括中长期、现货、辅助服务的全周期全品种市场体系，省间市场趋于完善，省内中长期与现货协同开展。预计到 2025 年，全国统一电力市场体系初步建成；到 2030 年，全国统一电力市场体系基本建成。

从电力部门投资来看，2005 年以来，我国电力部门的投资总体呈增长趋势，"十二五"期间年均投资约为 7 800 亿元，"十三五"期间年均投资约为 8 900 亿元。"十四五"时期前两年，电力工程建设投资创下十年来的新高，年投资规模已经超过 1 万亿元。2023 年，电力部门投资总额为 14 950 亿元，比 2022 年增长 22%，其中电源投资占比 64.7%，电网投资占比 35.3%。

从电力碳排放来看，2022 年的能源相关二氧化碳排放量是 101 亿吨，电力行业占比超过 45%。2022 年，全国单位火电发电量二氧化碳排放约 824 克/千瓦时，比 2005 年下降 21.4%；平均单位发电量二氧化碳排放约 541 克/千瓦时，比 2005 年下降 36.9%。以 2005 年为基准年，电力行业累计减少二氧化碳排放超过 240 亿吨，其中，非化石能源发展、降低供电煤耗、降低线损率的减排贡献率分别达到 57.3%、40.5%、2.2%。截至 2022 年年底，非化石能源发电占发电总装机容量的比例为 47.9%，占总发电量的比例为 33.5%，较 2005 分别累计提升 23.6% 和 15.4%。

7.1.2　电力行业低碳转型的政策部署及进展

2021 年以来，党中央、国务院和各部委分别发布了多份与能源电力行业相关的政策。据不完全统计，与能源电力相关的重要政策文件共计 155 份，这些政策涵盖的领域主要包括：双碳与绿色转型、能耗双控、可再生能源发展、能源生产与系统运行、电力市场与碳市场、新产业、新业态与新商业模式的构建，以及财税金融支持等。从电力领域来看，"十四五"时期的总体目标是积极构建新型电力系统，在保障能源安全的前提下，控制煤炭使用，大力发展可再生能源，加快绿色低碳科技研发与推广。具体政策部署涉及"源网荷储一体化和多能互补发展"、电力市场、电力安全、科技创新等多个方面的工作，总结如图 7-4 所示。

构建新型电力系统将是一个长期而复杂的过程。"十四五"时期，新能源发电将逐渐演变成电力系统的主力电源。根据《能源生产和消费革命战略 (2016—2030)》（以下简称《战略》）要求，到 2030 年，非化石能源发电量占全部发电量的比例力争达到 50%。据此测算，2022—2030 年，非化石能源发电占比年均需要增加超过 1.7%。同时，随着新能源发电装机规模快速增长和负荷峰谷差持续拉大成为趋势，电力系统对灵活性资源的需求将进一步增加。如何在电力行业迅速低碳转型的同时，协调好化石能源退出和非化石能源发展、源—网—荷—储平衡、电力部门低碳化转型和终端部门电气化推进的速度，提升电源、网、荷各环节的调节能力，建立能够提供相应激励的市场机制，将是构建新型电力系统面临的巨大挑战。

国务院	《2030年前碳达峰行动方案》						
综合性	《"十四五"现代能源体系规划》			《关于"十四五"时期深化价格机制改革行动方案的通知》			
	《关于推进电力源网荷储一体化和多能互补发展的指导意见》			《促进绿色消费实施方案》			
国家发改委、能源局及其他部委　电力系统	源	网	荷	储	市场	安全	科技
	《关于"碳中和"目标下煤电产业高质量发展的提案》的答复；《关于2021年风电、光伏发电开发有关事项的通知》；《关于报送整县（市、区）屋顶分布式光伏开发试点方案的通知》；以沙漠、戈壁、荒漠地区为重点的大型风电光伏基地规划布局方案	《电力并网运行管理规定》；《电力辅助服务管理办法》	《关于进一步推进电能替代的指导意见》	《关于进一步完善抽水蓄能价格形成机制的意见》；《"十四五"新型储能发展实施方案》	《关于进一步做好电力现货市场建设试点工作的通知》；《关于加快建设全国统一电力市场体系的指导意见》；《碳排放权交易管理办法（试行）》	《电力安全生产"十四五"行动计划》	《"十四五"能源领域科技创新规划》
各省市	各省市"十四五"规划、电力需求响应实施办法						
电网公司	《"碳达峰、碳中和"行动方案》（国家电网）			《服务碳达峰、碳中和工作方案》（南方电网）			
	《省间电力现货交易规则》（国家电网）	《国家电网公司能源互联网规划》		《南方电网"十四五"电网发展规划》			

图 7-4　近期出台的电力和能源系统相关政策

7.2　碳中和目标下电力系统低碳转型路径

7.2.1　电力需求预测

终端部门能源消费电气化替代是本轮能源转型的重要特征。加速推进工业、交通、建筑等领域的电力替代，能够显著降低终端部门的直接排放，同时也将带来电力需求的持续增加。对各研究中的电力需求比较分析表明，我国电力需求整体将呈不断升高的趋势，增长速度随时间逐步下降，在不同研究和情景中的电力需求增速具有显著的差异性；风能和太阳能发电将成为新增电力的主要来源，其发电占比在远期将达到 60%～80%（图 7-5）。从各研究中的电力增速来看，2020—2030 年，各情景中的电力需求增速较高，达到年均 2.3%～4.3%；2030—2040 年，年均增速放缓到 1.5%～2.3%；2040 年后各研究中关于电力需求增速的预测显著分化，呈现出匀速增加、需求放缓甚至下降的不同趋势。

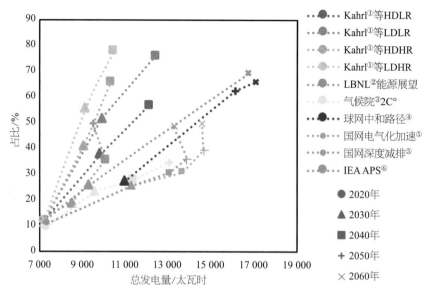

图 7-5 各研究中总发电量和风光发电占比变化趋势

　　本研究中的电力需求来自终端部门的测算。可以看到，未来我国电力需求将长期保持增长趋势，2060 年的电力需求将达到 18.7 万亿千瓦时，为 2020 年的 2.5 倍（图 7-6）。从 5 年的平均电力增速来看，2022—2040 年将是快速电气化时期，之后电气化速度趋缓，电力需求仍保持缓慢增长，并在 2055—2060 年进入平台期（表 7-1）。分部门来看，工业部门的快速电气化发生在 2040 年之前，在 2022—2040 年电力需求增长迅速并达到峰值（10.2 万亿千瓦时），在 2040 年后，电力需求呈现缓慢下降趋势。建筑部门电力需求将一直保持增长趋势，2060 年的电力需求约为 5.53 万亿千瓦时，约为 2020 年的 2.1 倍。交通部门的电力需求在 2055 年前一直保持增长趋势并达到峰值（1.63 万亿千瓦时），之后进入平台期。2030 年后电制氢成为新增的用电需求，并将一直保持快速的增长趋势，在 2060 年约 3.42 万亿千瓦时的电量将用于制氢。

① Kahrl F, Lin J, Liu X, et al. Sunsetting coal power in China[J]. Iscience, 2021, 24(9).
　　注释：文中包括四种情景，分别是低需求高可再生（LDHR），高需求低可再生（HDLR），高需求高可再生（HDHR）和低需求低可再生（LDLR）情景。其中，两种电力需求情景——低需求（LD）情景和高需求（HD）情景，以及两种电力供应情景——高可再生（HR）情景和低可再生（LR）情景。
② LBNL (Lawrence Berkeley National Laboratory). China Energy Outlook 2020 [R]. 2020. https://eta-publications.lbl.gov/sites/default/files/china_energy_outlook_2020.pdf.
③ 清华大学气候变化与可持续发展研究院.《中国长期低碳发展战略与转型路径研究》综合报告 [J]. 中国人口·资源与环境，2020，30（11）：1-25.
④ 全球能源互联网发展合作组织 . 中国 2030 年前碳达峰研究报告 [R]. 2021.
⑤ 国家电网能源研究院 . 中国能源电力发展展望 2020 [R]. 2020. https://m.bjx.com.cn/mnews/20201202/1119458.shtml.
⑥ International Energy Agency. An Energy Sector Roadmap to Carbon Neutrality in China [R]. Paris: IEA, 2021.

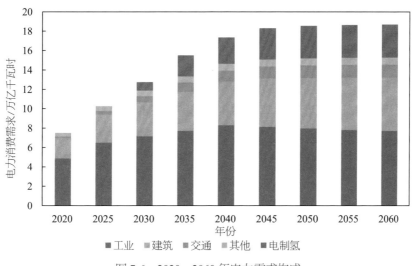

图 7-6　2020—2060 年电力需求构成

表 7-1　2020—2060 年电力需求量与增长率

年份	2020	2025	2030	2035	2040	2045	2050	2055	2060
工业 （万亿千瓦时）	4.88	6.51	7.16	7.73	8.30	8.14	7.97	7.81	7.73
建筑 （万亿千瓦时）	2.10	2.90	3.50	4.00	4.50	5.00	5.20	5.40	5.50
交通 （万亿千瓦时）	0.15	0.37	0.65	0.98	1.14	1.22	1.30	1.32	1.32
其他 （万亿千瓦时）	0.38	0.49	0.57	0.64	0.70	0.72	0.72	0.73	0.73
终端电力消费 总量 （万亿千瓦时）	7.51	10.26	11.88	13.34	14.64	15.08	15.20	15.26	15.28
电制氢 （万亿千瓦时）	0.00	0.00	0.89	2.17	2.72	3.25	3.37	3.40	3.42
电力消费总量 （万亿千瓦时）	7.51	10.26	12.76	15.52	17.36	18.33	18.57	18.66	18.71
电力需求年增 长率（%）		6.44	4.46	3.98	2.27	1.09	0.27	0.09	0.05

7.2.2　模型方法简介

　　本研究采用自下而上的能源系统工程建模方法，在低碳排放的目标下，针对电源和电网的未来发展路径进行优化分析。研究使用的模型工具是清华大学 BP 清洁能源研究与教育中心开发的基于电网结构的多区域分时调峰电力部门长期发展优化模型（LoMLoG 模型）。基本思想是在满足电力供需平衡和低碳排放目标的基础上，确定总成本最小的电力发展路径。模型的输入参数包括当前已经建设完成的电源装机和电网设施、考察期内未来的电力需求预测、发电机组的成本和效率数据、各个区域的化石能源和可再生能源资源禀赋及国家对于电力行业发展的政策目标。模型中考虑的约束主要包括四方面：第一是供需约束，即要保证考察期内的电力供需平衡；第二是技术约束，主要是指发电机组运行过程及电网传输过程中的技术限制；第三是资源约束，因为化石燃料的供应、可再生能源的开发受到资源禀赋的影响，因此发电机组的新增速度会受到建设能力的影响；第四是政策约束，国家在非化石能源的发展及碳减排方面设定了一系列的政策目标，研究电力行业的未来发展需要将之考虑在内。模型的优化目标是最小化考察期内（2020—2060 年）的电力生产总成本，包括建设投资成本、运行和维护成本、燃料成本及区域间电力传输成本。模型的输出结果包括各区域的电源装机和发电量结构、区域间的电力传输和电网线路、电力行业消耗的燃料量及二氧化碳排放量。

7.2.3 2020—2035—2060 年电力系统长期低碳转型路径分析

双碳目标下的电力系统转型路径存在着煤电装机与发电量、风光发展速度、碳排放达峰时间与峰值等不确定性。其中，风电、光伏发电的发展速度是电力系统转型的重要指标，也是影响碳排放轨迹的重要驱动力。2030 年的风光建设量目标将显著影响化石能源发展和碳达峰时间及峰值，并对中长期碳排放量的下降速度与幅度带来影响，进而影响碳排放总量。中美声明中提出两国支持 2030 年全球可再生能源发电装机容量增至 3 倍，从现有政策和风光基地布局来看，未来我国风光发电装机容量的增速将继续保持高增长水平。与此同时，2020—2035 年终端部门电气化推进速度也将影响电力需求，进而对各类电源和电网技术的建设需求产生影响。

未来随着终端电气化进程的快速推进，新增电力需求将主要由新能源和可再生能源来满足，电力装机容量呈现出快速增长和多元化的趋势，2035 年、2050 年和 2060 年的总装机容量将分别达到 2020 年的 3.3 倍、4.7 倍和 5.0 倍（图 7-7）。风电、光伏发电装机快速增加将满足大部分新增需求，并将取代很大一部分现有的化石发电。到 2060 年，风、光装机分别为 31.7 亿千瓦和 60.9 亿千瓦，约占总装机容量的 29% 和 56%，合计占比达到 85%。煤电装机容量在 2020—2030 年的装机容量仍有增加，2035 年将降到低于 2020 年的水平，常规煤电在 2035—2050 年快速退出，只保留加装 CCS 的机组。风光发电、核电、水电、生物质发电等非化石能源发电占比逐渐升高，2060 年占比将达到 95%。与此同时，至 2060 年保留约 3.1 亿千瓦加装 CCS 的煤电机组，储能与新增 CCS 机组一同填补煤电退役缺口，维持系统备用容量、调频资源，为电力系统正常运行提供保障。

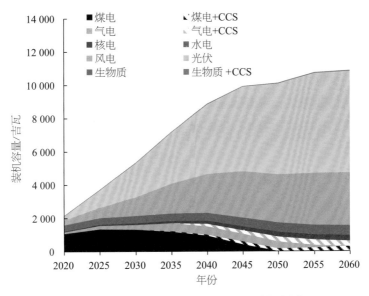

图 7-7　2020—2060 年我国各类电源装机容量

新增电量需求将主要由新能源和可再生能源来满足，2035 年、2050 年和 2060 年的全国总的发电量将分别达到 2020 年的 2.1 倍、2.4 倍和 2.5 倍（图 7-8）。2035 年前，发电量呈现显著多元化的特征，2035 年后，非化石能源发电量进一步增加，占据电力供应的主体地位逐步凸显，到 2060 年，非化石能源发电量将达到总发电量的 93%，我国构建新型电力系统的目标得以实现，电源侧从当前以煤电为主的系统彻底转向可再生能源为主的供电系统。

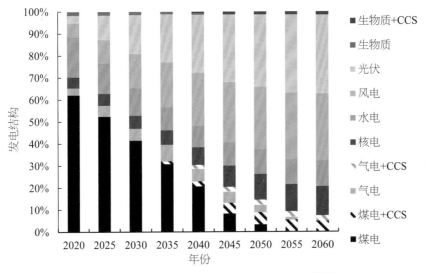

图 7-8　2020—2060 年我国各类电源发电结构

为保障系统稳定性和安全性，受资源及地理条件限制，风电和光伏发电无法无限扩张，煤电 CCS 和 BECCS 在 2030 年的后期电力行业深度减排中将发挥关键作用。煤炭燃烧产生的二氧化碳直接排放量下降约 77.7%，从 2020 年 36.69 亿吨降至 2060 年的 8.18 亿吨。二氧化碳净排放量在 2050—2055 年达到净零，快于我国提出的 2060 年前碳中和的目标，为其他行业实现碳中和提供了至少 5 年的缓冲时间。在 2030 年前实现碳达峰后，各类型煤电机组的功能将出现结构性分化，普通煤电利用小时数急剧下降，由 2020 年的 4 307 小时降至 2045 年的 3 566 小时，由电量生产功能逐渐转变为日内调峰和备用功能。与之相反，具有 CCS 的煤电和生物质发电机组维持高利用小时数，承担低碳电量生产功能。2060 年，煤电 CCS、气电 CCS、BECCS 的装机容量将分别达到 3.12 亿千瓦、3.24 亿千瓦和 0.63 亿千瓦，二氧化碳捕集量达到 7.36 亿吨、1.68 亿吨和 2.74 亿吨（图 7-9）。

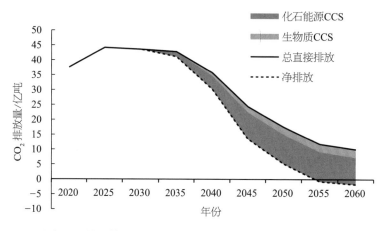

图 7-9　化石能源 CCS 和生物质 CCS 的捕集量和排放轨迹

电网近期以发挥资源配置作用为主，远期随着新能源渗透率逐渐提高，电网的调节互济价值将愈加显现。2030 年前要加强建设区域间输电通道，形成电网互联互济，为消纳可再生能源提供灵活性并提高资源利用效率。2030 年后，由于东中部地区剩余可开发的可再生能源资源有限，出于持续深度减排的需求，将需要继续大力开发西北部地区的可再生能源，与此同时需要进一步配套建设远距离输电通道。跨省输电将继续保持"西电东送""北电南送"的基本格局，输电规模进一步扩展。西北电网、华北电网为主要外送大区，华中电网、华东电网和华北电网外受电量较多。双向电力流增加，输电网络由电量输送通道转型为不同发电资源地区电力互济的平台。到 2035 年，跨地区电量交换将达到 4.53 万亿千瓦时，为 2020 年的 3.5 倍；2060 年时将达到 6.92 万亿千瓦时，为 2020 年的 5.3 倍。2035 年和 2060 年跨区域电量流动示意如图 7-10 所示。

储能是新型电力系统的重要组成部分，它具有灵活、双向的运行特点，可以助力电力系统调峰调频、新能源消纳，为系统提供惯量并满足系统备用约束。当前，电化学储能已经逐步进入快速发展期。2023 年，我国电化学储能装机功率 25 吉瓦，占储能市场的比例为 11.8%。电化学储能在 2030 年后发展提速，2035 年电化学储能容量将达到 190 吉瓦，2060 年电化学储能容量将达到 935 吉瓦（图 7-11）。

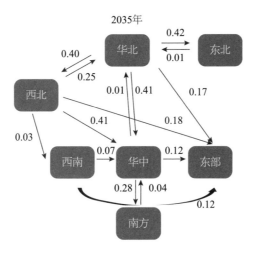

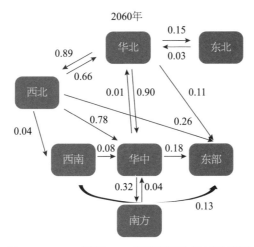

图 7-10　2035 年和 2060 年跨区域电量流动情况

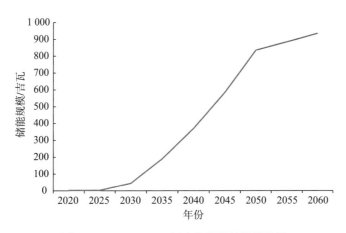

图 7-11　2025—2060 年电化学储能规模发展

度电成本将呈现出先增加后降低的趋势，在 2045 年前逐渐增加，之后略有下降，如

图 7-12 所示。从构成来看，可再生能源大规模投建造成电源占比较高，且呈现出上升趋势，占总成本的比例从 2020 年的 25% 上升至 2060 年的 33%。一方面，由于燃煤机组发电逐渐被非化石能源代替，燃料成本占比下降较为显著，从 2020 年的 39% 降至 2060 年的 9%。另一方面，煤电机组灵活性改造也将显著提高系统的运维成本。此外，跨区域电力交换规模增加和省内电网容量增加将导致电网占总成本的比例大幅上升，其占比从 2020 年的 29% 将逐渐增长至 2060 年的 43%。我国供电成本总体呈现上升趋势，2030 年、2045 年和 2060 年的度电成本将比 2020 年分别增加 6%、16% 和 6%，这将显著增加能源密集型行业的成本。

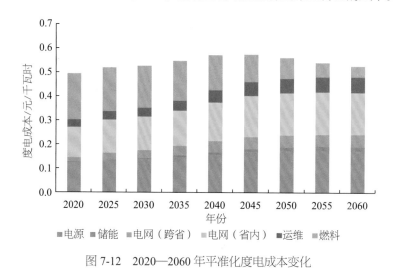

图 7-12　2020—2060 年平准化度电成本变化

7.3　电力系统低碳转型的目标与建议

7.3.1　2022—2030—2050—2060 年电力转型的目标

1. 2022—2030 年为电力碳达峰期

电力系统努力先于能源系统进入碳排放峰值平台期，然后快速下降。电力需求将持续增长，预计到 2030 年达 12.8 万亿千瓦时，新增电力需求全部由清洁能源满足。到 2030 年，风光发电的装机容量将达到 31 亿千瓦，年均新增 3 亿千瓦左右，在电力装机中的占比近 60%，快于《"十四五"规划纲要》提出的 12 亿千瓦的目标，发电量占比超 30%。水电将保持较快发展，"十四五"期间新增水电装机容量 0.45 亿千瓦左右。由于核能具有高效、清洁、安全、经济等优点，在确保安全的前提下，积极有序推动沿海核电项目建设。煤电装机在 2030 年前达峰，峰值为 13 亿千瓦左右。气电作为调峰电源，装机规模与发电量占比将持续增加。

2. 2030—2050 年为电力深度减排期

电力系统碳排放量快速下降，考虑碳捕集后电力生产部门实现近零排放。电力需求将持续增长，到 2050 年约达 18.57 万亿千瓦时。2050 年，风光发电装机快速增长达到约 83.3 亿千瓦，发电量占比升至约 60%，非化石能源发电量占比提升至 86%。核能占一次能源的需求比例将长期有序稳步增长，到 2050 年保持在 10% 左右。储能技术与用户需求响应技术将大规模应用，以支撑电网对高比例可再生能源的消纳和调控能力。储能容量需求将高达 11 亿千瓦时以上。火电机组仍保留一定的装机容量，发挥电力调节与备用功能，保障电力供应安全。作为颠覆性代际创新技术，可控核聚变如果能够实现商业化应用，将可能引领新的"清洁能源与工业革命"。

3. 2050—2060 年为电力碳中和期

电力系统努力提前于 2055 年前后实现碳中和，力争在 2060 年实现负排放 1.7 亿吨 CO_2。电力系统将持续提升清洁电力占比和加强负排放技术应用，实现负排放，贡献支撑能源系统净零排放。在供给侧，清洁能源为主体，非化石能源发电量占比进一步提升达到超过 90%，保留一定容量的煤电、气电做电力支撑与安全备用，风电、光伏发电的装机容量将超过 90 亿千瓦，发电量占比将达到约 65%。在需求侧，电气化率提升至 64% 左右。电力智能化与数字化水平不断提升，与建筑、工业、交通等终端部门深度融合，建成清洁智慧的未来能源互联网，支撑经济绿色低碳高质量发展。

7.3.2　2035 年减排目标建议

本研究中的电力部门碳排放量呈先增加后降低的趋势，电力行业碳排放量在 2025 年之后达到峰值，排放峰值在 44 亿～45 亿吨。为保证完成 2030 年前全国碳达峰的要求，需要煤电装机容量于 2030 年前达峰，发电量于 2025 年前后达峰，为其他行业减排减少压力。2030—2035 年作为电力行业实现碳排放达峰后的第一个碳排放量下降时期，2035 年的碳排放量相对于峰值的下降幅度取决于 2030 年前风光发电装机容量，2030 年前风光发电装机越高，可以使 2030 年前碳排放量的升高幅度越小，碳峰值越低，可以减轻后期碳减排压力。碳达峰后持续快速发展新能源发电和保留部分煤电 CCS 机组，2060 年风光发电装机分别占总装机容量的 29% 和 56%，非化石能源发电量的占比达到 93%，2060 年时仍需要保留加装 CCS 设备的煤电装机 3.1 亿千瓦。

7.3.3　减排措施建议

1. 推动煤电功能定位逐步转型

实现煤电功能转换是我国电力行业低碳转型的关键。应积极推动各类型煤电机组功能定位转型，普通煤电机组由电量生产功能逐渐转变为日内调峰和容量备用功能；超超临界机组进行 CCS 和生物质掺烧加装 CCS（PBECCS）改造，承担低碳电量生产功能，维持较高的利用小时数。2022—2030 年，通过加大投资力度、采取更进一步的灵活性优化措施、进行机组的启动优化、负荷率提升能力优化、提高机组低负荷下的运行效率，使火电机组能够更为灵活地应对电力调峰问题。2030—2050 年，实现耦合 CCS/CCUS 技术的煤电灵活调峰技术的商业化。2060 年仍保留 1 亿千瓦以上的容量备用机组，仅在两类时段中开机运行：负荷尖峰时期和夏秋两季 0:00—8:00 时（用于补充风光出力）。

2. 电源侧大力发展零碳及负碳能源发电技术

在电源侧，大力发展以新能源为主的零碳及负碳能源发电技术。一是进一步研发高效可靠的发电装备，二是提高发电技术的效率，三是积极部署下一代可再生能源发电技术的研发工作，四是积极推动核电等关键发电技术的突破创新，五是积极开展煤电与 CCUS 技术相结合的项目研究与示范。进一步提高零碳及负碳能源发电技术的研发投入，有选择地规划开展项目和地区试点。对可再生能源资源丰富的地区，建设创新型的零碳发电产业园，并积极探索多种可再生能源消纳模式。对可再生能源资源稀缺且依赖煤电的地区，大力开展煤电与 CCUS 技术相结合的项目示范。

3. 大力发展多元化储能技术，进一步降低储能的建设运行成本

储能技术是应对高比例新能源消纳和接入的重要手段。结合电力系统的实际需求因地制宜发展不同类型、不同时间尺度的储能技术。有针对性地发展电化学储能，分区域合理规划电化学储能技术的发展进程，在西部可再生能源丰富的地区增加电化学储能装机规模，有助于支撑新能源就地消纳，降低弃风、弃光率。在储能资源缺少的地区规模化投入固体锂离子电池储能，替代传统磷酸铁锂电池，并降低储能成本。结合综合能源系统技术，大力发展异质能源存储技术，包括储能储热技术和储氢技术。研发低成本高储热密度的储热材料、大容量储热系统集成技术，轻质、耐压、高储氢密度、高安全性的新型储罐技术。支持现阶段技术成熟度较低的前沿技术，助力我国储能装备制造和规模化应用。

4. 推进高比例可再生能源并网与输电技术研发，提高电网运行灵活性

在电网侧，加强智能电网建设，重点攻克高比例可再生能源并网的技术难点，包括新能源发电高精度长尺度功率预测技术、并网主动支撑技术、风光集群控制技术和适应于分布式可再生能源的灵活性资源调控技术。推进柔性输电技术、交直流混联电网安全高效运行技术等新型电能传输技术的基础研究与应用，深入攻关高海拔、低气压、重覆冰等极端场景下的特高压输电技术。研发高性能、稳定的电力电子器件，提升电网输送容量和柔性调控能力。未来随着用户侧主体大量接入电网，对电网的协调能力和韧性将提出更高的要求，深入研究考虑源荷互动的电力系统安全稳定性机理，分析未来电网架构演化趋势，推进海量场景感知

辨识分析的规划技术、韧性防御控制技术的发展，为新型电力系统的安全稳定高效运行提供保障。

5. 大力推广应用多元用户灵活互动技术，充分调动负荷侧调节能力

围绕供需充分互动的目标，大力发展需求侧响应技术，进一步推广虚拟电厂等灵活性资源整合技术。对智能家居、电动汽车等新型终端负荷，重点研究时空精确测量感知技术，在时间维度快速反馈，减少信息延时，在空间维度研究广域测量和远程校准的智慧能源计量与感知技术。优化供需互动管理体系，建设负荷侧资源集中调度平台。结合大数据、云计算、人工智能等基础理论和关键技术，研究负荷侧的形态特征提取技术、信息交互与挖掘技术，重点支撑负荷侧行为建模及预测技术，精确分析负荷侧可调资源容量及优化调度方案。推动虚拟电厂试点项目建设，根据各地区的实际情况，研究不同地区的用户侧灵活性资源情况，挖掘用户侧负荷的调节能力。对于可调电力负荷资源丰富的地区，进一步研究大规模互动运行下的精准调控技术，并配套建设覆盖面广的信息采集系统，支撑多类型大规模的用户深度互动。

6. 建立适应多元化市场主体的灵活调度机制，保障高比例新能源高效利用

一是建立健全新能源、储能、虚拟电厂、电动汽车运营主体自调度或一体化调度体系，以及与增量配电网、微电网、大电网的协调机制。建立健全增量配电网、微电网与大电网之间的协调机制，满足骨干电网等大网与分布式能源系统、增量配电网、微电网等小网共存及紧密联系的电网架构需要。将虚拟电厂、负荷聚合商、储能、电动汽车等新业态、新产业纳入现行调度体系之中，为打造高弹性电网提供调度运行基础，全面提升新形势下电网调节、控制和安全兜底的能力。二是建立源网荷储一体化项目协同优化调度机制，在电网侧优化和改进原来的调度管理体制，针对风光火储、风光水储、风光储一体化能源基地，改变调度方式，由原来的机组单元调度改为厂级调度，让电源侧有更大的调控自由度，发挥多能互补的特性。在电源侧进行构建一体化的综合能源系统，开展"源网荷储"一体化建设，建立平台型的智慧能源管控系统，提高电厂的灵活性和调峰调频能力，建设低碳清洁、高效协同的新型智慧电厂，通过调控系统建设和技术创新，积极参与中长期电力市场、现货市场、辅助服务市场、碳交易市场等。

第 8 章

农业和林业部门

本章分析了中国农业部门非二氧化碳温室气体（简称"非二"气体）的排放现状及森林碳汇的变化[①]，研究了碳中和背景下中国未来农业和林业部门减缓的典型路径、目标与关键措施。

8.1 农业和林业部门温室气体排放与碳吸收的现状与特点

8.1.1 农业部门非二氧化碳温室气体排放增速变缓

根据《气候变化第二次两年更新报告》的数据，2014 年中国农业活动温室气体排放量为 8.3 亿吨 CO_2-eq，占温室气体排放总量（不包括林业和土地利用变化）的 7.5%，其中甲烷（CH_4）排放 2224.5 万吨、氧化亚氮（N_2O）排放 117.0 万吨，分别占 CH_4 和 N_2O 排放总量的 41% 和 72%。从排放结构看，动物肠道发酵排放 2.07 亿吨 CO_2-eq，占农业温室气体排放的 24.9%；动物粪便管理排放 1.38 亿吨 CO_2-eq，占 16.7%；水稻种植排放 1.87 亿吨 CO_2-eq，占 22.6%；农用地排放 2.88 亿吨 CO_2-eq，占 34.7%；农业废弃物田间焚烧排放 0.09 亿吨 CO_2-eq，占 1.1%（图 8-1）。从不同气体种类的活动构成来看，动物肠道发酵、水稻种植、动物粪便管理和农业废弃物田间焚烧分别占 CH_4 排放量的 44.3%、40.1%、14.2% 和 1.4%；农用地、动物粪便管理和农业废弃物田间焚烧排放量分别占 N_2O 排放量的 79.5%、19.9% 和 0.6%。

从历次国家清单的数据看，中国农业源温室气体排放总量由 1994 年的 6.05 亿吨 CO_2-eq 逐年上升，到 2012 年达到 9.38 亿吨 CO_2-eq，并随着 2012 年后一系列农业环境可持续发展政策的推动，到 2014 年开始出现了排放总量和贡献"双降"的趋势，2014 年的排放总量较

[①] 本章仅考虑了与森林相关的土地利用变化，具体包括森林生态系统地上、地下生物量和土壤有机碳含量，这与 CCER 森林碳口关键核算指标一致。其他部门的土地利用变化由于基础数据缺乏、不确定性大，且历次清单中也没有全面的核算数据，因此目前没有涉及。

2012 年（9.38 亿吨 CO_2-eq）下降了 11.5%，农业温室气体排放量占总排放量的比例则由 1994 年的 18.7% 降到 2012 年的 8.3%，进而降到 2014 年的 7.4%（见图 8-2）。

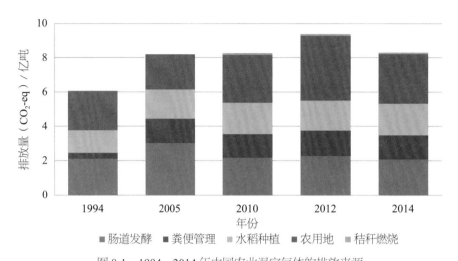

图 8-1　1994—2014 年中国农业温室气体的排放来源

数据来源：初始、第二次和第三次国家信息通报；第一次和第二次国家两年更新报。

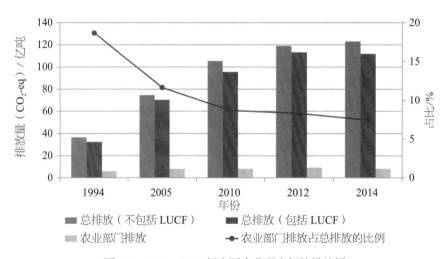

图 8-2　1994—2014 年中国农业温室气体排放量

数据来源：初始、第二次和第三次国家信息通报；第一次和第二次国家两年更新报。

本研究利用中国人民大学团队开发的农业非二氧化碳温室气体清单核算模型（AGHG-INV）估算了 1980—2018 年农业"非二"气体排放量（图 8-3）。AGHG-INV 模型是一个自下而上的模型，能在省级层面开展农业"非二"气体的长期排放核算和未来预测。它基于 IPCC（2006 年）与《省级温室气体清单编制指南（2011）》中的农业温室气体核算方法，能够评估畜禽肠道发酵、粪便管理、水稻种植、农业土壤排放及秸秆焚烧五个来源的农业温室气体排放量。与国际和国内主流的农业清单核算数据库（包括 EDGAR、FAO、USEPA、REASv2.1和国家清单）的比较结果表明，本研究的估算均值及其不确定性范围基本在所有研究的结果之间，长期的排放趋势也大体相同。从长期趋势来看，中国农业的"非二"温室气体排放总量由 1980 年的 6.73 亿吨 CO_2-eq 增加到 2020 年的 9.96 亿吨 CO_2-eq，增加了 48%。但是自 2010 年以来，农业温室气体排放量的增长趋势比较缓慢，一些年份甚至有剧烈波动，总体上，2020 年仅比 2010 年增加了 5.1%。

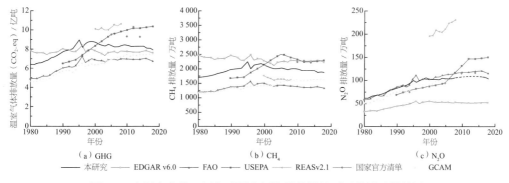

图 8-3 中国农业非二氧化碳温室气体排放量的不同估算及其范围

从不同排放源看，农业温室气体排放量增长主要在于肠道发酵和农业土壤，1980—2020 年，农业土壤与肠道发酵排放的温室气体增量分别占这一时期农业排放总增量的 44% 和 34%（图 8-4）。其中，2020 年水稻种植的 CH_4 排放量与 1980 年持平，排放量为 2.4 亿吨 CO_2-eq；肠道发酵由 1980 年的 2.1 亿吨 CO_2-eq 增加到 2020 年的 3.5 亿吨 CO_2-eq（增加了 67%），但从 2010 年开始出现增速放缓后没有显著增加；粪便管理温室气体排放量由 1980 年的 0.8 亿吨 CO_2-eq 上升到 2020 年的 1.3 亿吨 CO_2-eq，上升了 61%。但近年来随着一系列养殖业污染控制政策的实施，其排放趋势得到了显著的控制，2020 年粪便管理的温室气体排放量比 2010 年降低了 7%；农业土壤的温室气体排放量由 1980 年的 1.1 亿吨 CO_2-eq 增加到 2020 年的 2.1 亿吨 CO_2-eq，上升了 103%。

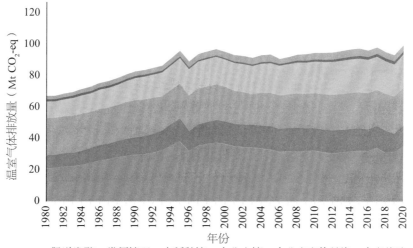

图 8-4 中国农业非二氧化碳温室气体排放的结构

8.1.2　森林碳汇在不同时期的波动性比较明显

中国是世界林业大国，森林面积占世界森林面积的 5%，人工林面积居世界首位[①]。自1978 年开始，中国实施了一系列区域性防护林体系建设工程，1998 年启动并相继实施的天然林保护、退耕还林、京津风沙源治理、三北和长江等地区防护林建设、速生丰产林基地建设及野生动植物保护六大林业重点工程，以及全国范围内持续开展的全民义务植树和国土绿化等行动，使中国成为全球森林面积增加最快、人工林最多的国家。自 2012 年以来，全国森林面积和蓄积量实现了"双增长"。第九次全国森林资源清查（2014—2018 年）的数据表明，中国森林资源总体上呈现数量持续增加、质量稳步提升、生态功能不断增强的良好发展态势，森林覆盖率 21.96%，比第七次和第八次清查时分别提高了 1.3 个和 2.6 个百分点，全国森林面积 2.2 亿公顷[②]，其中人工林面积 7954 万公顷，继续保持世界首位；森林蓄积量 175.6 亿立方米，植被总生物量 188.02 亿吨，总碳储量 91.86 亿吨，与新中国成立初期时的不足 50 亿吨相比，翻了一番。

全国森林面积和蓄积量从第四次全国森林清查时期（1989—1993 年）的 1.32 亿公顷和 90.9 亿立方米增加到第九次全国森林清查时期（2014—2018 年）的 1.80 亿公顷和170.5 亿立方米，分别增加了 36% 和 87%。中国森林碳储量包括生物质碳储量和土壤碳储量两个部分。其中森林植物的生物量碳储量从 1989—1993 年的 165.4 亿吨 CO_2-eq/ 年增加到 2014—2018 年的 289.9 亿吨 CO_2-eq/ 年，增加了 75%，森林是重要的长期的碳汇，固碳率为 4.2 亿吨 CO_2-eq/ 年（表 8-1）[③]。过去 30 年间，全国森林生物量碳密度呈现增加的趋势，从 1989—1993 年的第四期森林清查的 34.13 吨碳 / 公顷增加到 2014—2018 年第九期森林清查的 43.95 吨碳 / 公顷，增加了 29%。森林增长尤以 1994—1998 年（第五期）到1999—2003 年（第六期）的增加最为显著，可能与 1998 年启动的"退耕还林还草"项目有关。

表 8-1　全国森林清查森林面积、植物碳储量、碳密度和生物量碳汇

年　份	面积 （10^4公顷）	蓄积量 （亿立方米）	生物量碳储量 （CO_2-eq）/ 亿吨 / 年	生物量碳密度 （吨碳 / 公顷）	生物量碳汇 （CO_2-eq）/ 亿吨 / 年
1989—1993	13 216.0	90.9	165.4	34.13	—
1994—1998	12 919.9	100.9	164.2	34.67	-0.2
1999—2003	14 278.7	121.0	197.1	37.64	6.6
2004—2008	15 559.0	133.6	243.1	42.61	9.2

① 李奇，朱建华，冯源，等 . 中国森林乔木林碳储量及其固碳潜力预测 [J]. 气候变化研究进展，2018，14(3): 287-294.
② 1 公顷 =10^4 平方米。
③ 朱建华，田宇，李奇，等 . 中国森林生态系统碳汇现状与潜力 [J]. 生态学报，2023(9): 1-16.

续表

年　　份	面积 (10^4公顷)	蓄积量 (10^9 立方米)	生物量碳储量 （CO_2-eq）/ 亿吨 / 年	生物量碳密度 （吨碳 / 公顷）	生物量碳汇 （CO_2-eq）/ 亿吨 / 年
2009—2013	16 460.4	14.78	270.4	44.81	5.5
2014—2018	17 988.9	17.05	289.9	43.95	3.9

注：Xie et al., 2007; Yang et al., 2014; Fang et al., 2018; Tang et al., 2018.

1989—2018 年，除了西南地区在 1989—1998 年表现为碳源以外，中国七大地区森林基本都表现为生物量碳汇。从总体上看，中国所有地区的森林生物量碳储量从 1989 年到 2018 年增加了 74%。森林生物量碳储量的增加主要发生在 1994—2013 年，受森林面积增加的驱动，从 0.31 亿公顷增加到 0.42 亿公顷。研究期间，净增长最快的地区为西南地区，从 1989—1993 年的 57.0 亿吨 CO_2-eq/ 年增加到 2014—2018 年的 99.2 亿吨 CO_2-eq/ 年，增加了 74%。近 30 年来，我国森林生物量碳密度逐渐增加。由于森林的生长，2000 年后森林生物量碳密度高的频次呈现出明显的增加趋势，碳密度大于 60Mg C/ 公顷的森林占比从 1999—2003 年的 1.9% 上升至 2014—2018 年的 3.3%，增加了 1.4 个百分点。与之相对应，低森林生物量碳密度快速下降，生物量碳密度小于 20Mg C/ 公顷的森林占比由 1999—2003 年的 72.3% 降到 2014—2018 年的 55.1%，下降了 17.2 个百分点。

土壤碳储量方面，一般认为森林表层土壤的有机碳含量比较容易受环境变化影响，而深层土壤中的有机碳则相对比较稳定。由于不同学者所研究评估的森林面积和土层厚度存在差异，中国森林土壤有机碳储量的不同研究结果之间的差异较大（表 8-2）。一般认为，中国森林 0～20 厘米土层深度的碳储量范围在 400 亿～500 亿吨 CO_2-eq/ 年，碳汇在 0.4 亿～1.2 亿吨 CO_2-eq/ 年；0～100 厘米土层深度的碳储量范围在 700 亿～1 300 亿吨 CO_2-eq/ 年，碳汇为 0.7 亿～2.8 亿吨 CO_2 -eq/ 年[①]，见表 8-2。

表 8-2　全国森林土壤碳储量和碳汇估算

年　　份	土层厚度 / 厘米	土壤碳储量 (CO_2 -eq)/ 亿吨 / 年	碳密度 (Mg C/ 公顷)	碳汇 (CO_2)/ 亿吨 / 年
1980—1989	0~20	501	54.8	0.43
	0~100	1255	137.3	—
2000—2010	0~20	401~409	52.5	1.2
	0~100	928~956	121.2	0.7-2.8
2011—2015	0~100	733	106.2	

注：Xie et al., 2007; Yang et al., 2014; Fang et al., 2018; Tang et al., 2018.

---

① 朱建华，田宇，李奇，等 . 中国森林生态系统碳汇现状与潜力 [J]. 生态学报，2023(9): 1-16.

如果土壤碳汇以 0～20 厘米来计算，那么不同时期全国森林生物量和土壤碳汇综合见表 8-3，即 2014—2018 年为 4.3 亿～5.1 亿吨 CO_2 / 年。

表 8-3　全国森林生物量和土壤碳汇估算　　　单位：亿吨 /（CO_2 -eq）/ 年

年份	生物量碳汇	土壤碳汇	总碳汇量
1989—1993	—		—
1994—1998	−0.2		0.2-1.0
1999—2003	6.6	0.4~1.2	7.0-8.8
2004—2008	9.2		9.6-10.4
2009—2013	5.5		5.9-6.7
2014—2018	3.9		4.3-5.1

8.1.3　中国农业和林业的未来发展展望及挑战

确保粮食安全和实现农业现代化是国民经济发展和社会稳定的基础与根本保证。 2021 年，中国粮食产量超过 6.8 亿吨，人均粮食占有量达到 483 千克，远高于全球平均水平（351 千克），特别是在水稻、小麦、玉米这些主粮上，生产和需求基本匹配，粮食自给率水平较高，由过去的短缺经济转变为农产品供求基本平衡，有效地保障了肉类、蔬菜、水果、水产品等各类食物的有效供给[①]。然而，中国在粮食安全和食物供给安全方面依然面临多重挑战，如农业生产能力基础薄弱、耕地质量保护和提升任务艰巨、种业创新能力弱、农业生产的资源承载力绷得过紧、农业生产的环境压力大。另外，由于新冠疫情和地区冲突等原因导致国际政治经济形势日趋复杂，中国农业还面临着包括自然风险和市场风险等在内的各种传统和非传统风险[②]。

从长期看，中国农业发展的主要驱动力及给农业部门减排带来的挑战如下：

确保粮食安全是推动农业减排战略和政策的前提。 作为一个有着 14 亿人口的大国，"中国要把饭碗端在自己手里"。粮食安全，尤其是确保谷物基本自给和口粮绝对安全，始终是农业发展的底线。同时，保障肉奶糖油等重要农副产品的供给保障能力，关注食物安全，对于满足人民食品多样化和膳食结构平衡非常重要。研究表明，中国人均粮食的消费量（包括在外饮食）为 450 千克 / 年，粮食生产能力基本能够满足国内的消费需求。考虑到人口总量和结构变化，预计到 2030 年中国的粮食需求增长将显著高于国内生产增长[③]，大米、小麦、玉米、大豆的消费需求将由 7.2 亿吨增加到 7.7 亿吨，大米和小麦基本自给，玉米和大豆缺口进一步

① 中国农业科学院农业经济与发展研究所 . 中国农业农村改革成就、调整与未来思路 [J]. 农业经济问题，2019(2): 4-8.
② 中国农业大学全球食物经济与政策研究院 . 2022 中国与全球食物政策报告 [R]. 北京：中国农业大学全球食物经济与政策研究院，2022.
③ 黄季焜，解伟 . 中国未来粮食供需展望与政策取向 [J]. 工程管理科技前沿，2022(1): 17-25.

增加，但是三大谷物的自给率在 2035 年还将保持在 85% 左右，实现"口粮绝对安全、谷物基本自给"的粮食安全目标，到 2050 年前后降低到约 80%[①·③]。因此，如何更好地协同与权衡粮食安全和农业减排之间的关系，将是农业部门减排面临的重要挑战。

居民饮食结构的变化将增加减排压力。随着居民收入的增加，中国的饮食结构将继续变化。中国的肉类产品产量将快速增长。1978—2018 年，中国猪牛羊肉产量的年均增长率为 5.6%～8.6%，水产品的生产增长率达到 7%，家禽产量的生长增长率更是达到 11%，蔬菜播种面积年均增长 5.1%[④·⑤]。由于饮食结构的变化，猪肉、牛肉、羊肉、禽蛋、牛奶的产量将由 2019 年的 4 255 万吨、667 万吨、488 万吨、3 309 万吨和 3 201 万吨，增加到 2035 年的 6 415 万吨、827 万吨、576 万吨、3 444 万吨和 3 984 万吨，到 2050 年增加到 6 933 万吨、918 万吨、618 万吨、3 238 万吨和 4 172 万吨[⑥]。未来中国畜产品的供需将面临一定缺口，缺口大小取决于对饲料粮的需求。到 2050 年，中国的水产品供需可基本平衡，但是畜产品供需平衡存在不确定性，如果限制玉米进口和不重视草牧业发展，猪禽肉、牛羊肉和奶制品的进口量将显著增长，并高度依赖国际市场；如果放开饲料粮市场，通过进口饲料发展国内畜牧业，猪禽产品供需能基本保持平衡，牛羊肉和奶制品进口增加，到 2050 年自给率将在当前基础上下降 10%～20%[⑦]。由于牛羊肉和奶制品的排放强度高于谷类，因此居民饮食结构的变化将增加排放压力。

增加农产品进口将带来国际社会对其气候影响的关注。中国长期致力于优化贸易结构以保障农产品供给，以充分利用国内国际两个市场、两种资源，积极促进内需和外需、进口和出口的协调发展，有效利用国际市场满足国内粮食需求。中国未来农业的发展，必须在口粮绝对保证的前提下，用好全球的市场和土地资源[⑧]。中国的食物自给率将从 2019 年的 95% 降到 2035 年的 90% 左右，至 2050 年将进一步下降 3%～4%[⑨]。增加进口的农产品主要是大豆、玉米、食糖等水土资源密集型生产的农产品，而这些农产品的进口增长是完全处于北美、南

① 仇焕广，雷馨圆，冷淦潇，等.新时期中国粮食安全的理论辨析 [J].中国农村经济，2022(7): 2-17.
② 黄季焜，解伟.中国未来粮食供需展望与政策取向 [J].工程管理科技前沿，2022(1): 17-25.
③ 黄季焜，胡瑞法，盛誉，等.全球农业发展趋势及 2050 年中国发展展望 [J].中国工程科学，2022，24(1): 30-37.
④ 黄季焜，胡瑞法，易红梅，等.面向 2050 年我国农业发展愿景与对策研究 [J].中国工程科学，2022，24(1): 11-20.
⑤ 黄季焜，胡瑞法，盛誉，等.全球农业发展趋势及 2050 年中国发展展望 [J].中国工程科学，2022，24(1): 30-37.
⑥ 黄季焜，胡瑞法，盛誉，等.全球农业发展趋势及 2050 年中国发展展望 [J].中国工程科学，2022，24(1): 30-37.
⑦ 黄季焜，胡瑞法，盛誉，等.全球农业发展趋势及 2050 年中国发展展望 [J].中国工程科学，2022，24(1): 30-37.
⑧ 许智宏.中国农业的发展现状与未来趋势 [N].中国科学报，2020. https://www.cas.cn/zjs/202009/t20200929_4761757.shtml.
⑨ 黄季焜，胡瑞法，盛誉，等.全球农业发展趋势及 2050 年中国发展展望 [J].中国工程科学，2022，24(1): 30-37.

美和东欧国家等目前我国主要贸易伙伴国的生产和出口能力之内。但是，中国的农产品进口面临着复杂的国际贸易形势和严峻的环境挑战。有研究表明，预计到 2050 年，中国的农产品进口将相当于进口了 8 800 万吨 CO_2-eq/ 年至 2.3 亿吨 CO_2-eq/ 年的温室气体[1]，分别占中国全球环境影响的 13%～32% 和 26%～46%[2]。

全国森林资源总体实现数量和质量的"双增长"、生态功能不断增强，但是未来碳汇增长的潜力并不乐观。 自 2000 年以来，中国不断提升森林覆盖率的目标，并提出"十四五"时期森林覆盖率提高到 24.1%，到 2030 年森林蓄积量将比 2005 年增加 60 亿立方米。2022 年，中国的森林覆盖率已经达到 24.0%，森林蓄积量也由 2012 年的 151 亿立方米增加到 195 亿立方米。然而，由于保障耕地红线和城镇化带来的土地压力，中国未来的造林外延扩张的潜力有限，林业碳汇增加将主要依靠森林经营管理。目前，中国的人工林以低龄林和中龄林为主，整体林龄较低，处于森林演替的早期阶段，生态系统碳汇潜力较大。但是随着整体林龄的增加，成熟林和老龄林的比例将上升，森林生态系统趋于平衡，碳汇能力也将逐步降低[3]。中国的天然乔木林在各个龄级的碳密度都远大于人工乔木林，目前天然林结构以中龄林、近熟林和成熟林为主，因此能够发挥较好的碳汇作用，但是天然林经过长期保护禁伐变为过熟林时就不能继续发挥有效的固碳作用了[4]。在其他条件（气候条件、大气二氧化碳浓度等）不变的情况下，仅考虑林龄变化，到 2060 年和 2100 年，森林碳汇将比 2020 年下降 56% 和 67%[3]。这表明森林碳汇强度存在林龄阈值，必须通过科学的森林经营管理措施、适当更新人工林的年龄结构才能长期维持人工林较高的碳汇能力、延长森林碳汇服务时间。

8.2　碳中和背景下中国未来农业和林业部门减缓的典型路径

8.2.1　情景设计

1. 农业"非二"气体排放情景

到 2060 年的基准（BAU）情景，假设影响农业和林业部门"非二"气体排放的关键驱动

① 黄季焜，胡瑞法，盛誉，等 . 全球农业发展趋势及 2050 年中国发展展望 [J]. 中国工程科学，2022，24(1): 30-37.

② ZHAO M, YANG J, ZHAO N, et al. Spatially explicit changes in forest biomass carbon of China over the past 4 decades: Coupling long-term inventory and remote sensing data[J]. Journal of Cleaner Production, 2021, 316:128274.

③ 朴世龙，岳超，丁金枝，等 . 试论陆地生态系统碳汇在"碳中和"目标中的作用 [J]. 中国科学：地球科学，2022，doi: 10.1360/SSTe-2022-0011.

④ 李奇，朱建华，冯源，等 . 中国森林乔木林碳储量及其固碳潜力预测 [J]. 气候变化研究进展，2018，14(3): 287-294.

因素依据历史趋势发展，未来的排放由未来的农业生产需求决定，未来的农业生产需求主要考虑两个因素，即人口和人均食品消费，本研究识别的关键驱动因素包括人口、城市化、经济发展、农业发展和饮食结构的变化。

　　基准（BAU）情景：BAU 情景中，未来关键驱动力的变化见表 8-4，这些关键驱动力将影响 AGHG-INV 的活动数据，即排放量是四种主要农业活动水平的函数。在 BAU 情景中，本研究采用与历史水平一致的排放因子，不考虑政策、技术和减排措施对排放因子的影响。本研究的 BAU 情景有以下假设：①随着国民收入的提高，人均饮食构成和热量消费继续变化，但是生产和消费之间的关系保持不变；②作物产量沿 1980—2020 年的历史趋势变化，化肥施用量按照这一阶段的作物产量和化肥施用量之间的历史趋势变化；③中国农业部门的生产效率、温室气体排放和技术在一段时间内保持不变，不考虑减排政策或技术的影响。

表 8-4　基准（BAU）情景的基本假设

年　　份		2020	2030	2040	2050	2060
人均产量 /（千克 / 人）	牛肉	4.8	5.5	6.1	6.6	7.1
	猪肉	29.1	40.8	44.2	46.9	49.2
	羊肉	3.5	4.1	4.6	4.9	5.3
	禽肉	14.2	18.1	20.8	22.9	24.3
	牛奶	24.4	27.1	30.6	33.5	36.0
	禽蛋	24.5	26.6	29.5	31.9	34.0

数据来源：不同动物制品的人均产量数据来自中国人民大学课题组的多模型综合评估。

　　常规技术（TP）情景：TP 情景评估了目前可获得的最佳技术或者措施的物理减排潜力。必须指出，TP 情景并非不需要任何努力的情景，它需要增强各种政策激励才能促进和尽量提升现有最佳技术措施的推广面积。本研究基于中国和全球农业部门相关减排技术的研究和公开文献，制定了 48 种可用于减少农业部门排放的技术方案清单。在此基础上，课题组还开展了相关的专家咨询，以获得国内农业专家对近期农业减排技术趋势的基本判断。通过专家判断和进一步的文献分析，本研究对技术清单中的 48 种重点技术一一进行了核对，包括核对技术的分类是否正确、删除预计影响有限的技术、重叠技术和长期应用潜力不足的技术，得到了包括种植业部门 11 种技术和畜禽养殖部门 6 种技术的短名单。对短名单上的所有技术，通过文献和专家咨询，课题组分别获取了它们对甲烷和氧化亚氮的减排效率。必须指出，本次包括的技术没有涵盖结构变化技术与措施和消费端技术。另外，情景中也很难预测颠覆性技术的影响。

　　极限技术（MTP）情景：MTP 情景评估了中国农业"非二"气体排放物理减排的上限，且没有考虑任何跨地区的技术、经济和社会的实施障碍。其计算过程与 TP 情景大体相同，但是 MTP 情景假设到 2060 年能够最大限度地应用所有可能的减排技术。

2. 森林碳汇情景

本部分利用 1982—2021 年的中国森林生态系统碳储量变化数据和多模式集合平均方法，选择代表性浓度路径 4.5 情景（RCP4.5）作为基准情景，估算了 2022—2081 年中国森林生态系统碳储量的变化情况及碳汇潜力。RCP4.5 发展情景是森林面积增加、耕地面积减少的唯一排放情景，是中度低排放情景，至 2100 年地表辐射强迫为 4.5 瓦/平方米，CO_2 浓度增加至 538ppm，CH_4 浓度减少，N_2O 浓度增至 372ppb。

未来时期（2022—2081 年）的中国森林生态系统碳汇数据分别使用了第五阶段的耦合模式相互比较计划（CMIP5）的 7 个模型（HadGEM2-CC、HadGEM2-ES、IPSL-CM5A-LR、IPSL-CM5A-MR、IPSL-CM5B-LR、MPI-ESM-LR、MPI-ESM-MR）的模拟结果，并利用气候数据操作软件 CDO（Climate Data Operator, Version 1.9.9），从数据中提取植被碳和土壤碳密度数据集。

8.2.2 基准情景下农业部门温室气体持续增长，更广泛地采纳减排技术将推动农业温室气体排放提前达峰

本研究的估算表明，BAU 情景下，2030 年、2040 年、2050 年和 2060 年的农业"非二"气体排放量将达到 11.7 亿吨 CO_2-eq、12.7 亿吨 CO_2-eq、13.4 亿吨 CO_2-eq 和 13.9 亿吨 CO_2-eq，比 2020 年分别增加 18%、28%、35% 和 40%（图 8-5）。其中 2020—2060 年的农业"非二"气体 50% 的增量来自肠道发酵，20% 的增量来自粪便管理，14% 的增量来自水稻种植，8% 的增量来自农业土壤，10% 的增量来自农业土壤，4% 的增量来自水产养殖。这表明，未来中国农业"非二"温室气体排放的主要驱动力在于满足人民由于生活水平提升及肉蛋奶等畜禽产品需求增加导致的反刍动物等畜禽养殖活动规模的增长。2018 年，中国人均牛羊肉和奶的消费量仅为 6.7 千克/人和 26.3 千克/人，不仅远低于同期美国（26.5 千克/人和 223.7 千克/人）和欧洲（12.2 千克/人和 187.6 千克/人）的水平，也低于日本（7.5 千克/人和 47.6 千克/人）和韩国（11.2 千克/人和 29.1 千克/人）等亚洲国家的水平，因此未来随着居民生活水平的提高，还有较大的增长潜力。

在 BAU 情景下，中国农业"非二"气体排放量将继续增长，到 2060 年增加到 13.9 亿吨 CO_2-eq，比 2020 年再增长 40%，其中 CH_4 增加 44%，N_2O 增加 27%（图 8-5）。本研究预测的 BAU 排放增长率略高于粮农组织（FAO），根据 FAO 预测，到 2050 年，中国农业"非二"气体排放量将较 2018 年增加 37%。

随着饮食习惯的不断转变，从 2020 年起，奶牛、牛和水牛的肠道发酵产生的 CH_4 排放量将增加，分别占 BAU 情景下 2020—2030 年增量和 2030—2060 年增量的 51% 和 50%。中国的反刍动物肉类消费从 20 世纪 90 年代初开始成倍增长，乳制品消费从 21 世纪初开始成倍增

长，从 2000 年到 2017 年，肉类、牛奶和鸡蛋的人均消费量分别增加了 75%、150% 和 38%。据预测，到 2050 年，反刍动物产品的总需求将增加一倍，这将是 CH_4 排放增加的关键驱动力。由于同样的原因，预计粪便管理排放量也将增加。然而，中国未来的饮食变化趋势存在很大的不确定性，动物性产品的预测范围明显大于 40%，BAU 情景下肠道发酵和粪便管理的发展趋势也有较大的不确定性。随着化肥控施减施等相关政策的实施，这一时期农业土壤的 N_2O 排放量将只增加 2.8 万吨 CO_2-eq，对增量的贡献不到 8%。

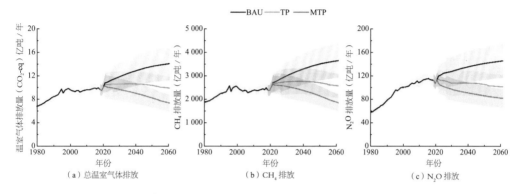

图 8-5　不同情景下中国农业非二氧化碳温室气体排放

如果能够充分利用目前可得的最好技术，常规技术（TP）情景下，中国农业"非二"温室气体排放量将于 2035 年跨过峰值 10 亿吨 CO_2-eq，2040 年、2050 年和 2060 年的中国农业"非二"温室气体排放量将分别为 10.0 亿吨 CO_2-eq、9.7 亿吨 CO_2-eq 和 9.3 亿吨 CO_2-eq，分别比基准情景减排 18%、25% 和 30%（图 8-5）。2030 年，中国农业的技术减排潜力可以达到 1.4 亿吨 CO_2-eq，随着技术的推广，中国农业"非二"温室气体的技术减排潜力在 2050 年和 2060 年将分别达到 3.2 亿吨 CO_2-eq 和 4.0 亿吨 CO_2-eq。这一结果与全球多模型的结果非常一致，表明到 2050 年，总减排量的 30%～94% 来自技术减排。在不同的农业活动中，最大的减排潜力来自水稻种植和畜禽养殖。到 2060 年，肠道发酵、粪便管理、水稻种植、农业土壤、农业废弃物和水产养殖分别比基准情景减排 23%、5%、49%、41%、96% 和 22%，减排量主要来自水稻种植、肠道发酵和农业土壤，分别减排 1.4 亿吨 CO_2-eq、1.3 亿吨 CO_2-eq 和 1.0 亿吨 CO_2-eq，分别占总减排量的 34%、30% 和 25%。

在 2030 年、2050 年和 2060 年，MTP 情景将比 TP 情景进一步减排 28%，比 BAU 情景减排 51%，即分别为 2.7 亿吨 CO_2-eq、5.2 亿吨 CO_2-eq 和 5.9 亿吨 CO_2-eq。农业部门 MTP 情景下最大的减排潜力来自牲畜管理，包括改进粪便管理，通过改善饲料成分和添加饲料补充剂来减少肠道发酵，这些措施占 MTP 情景下总减排潜力的 46%，而水稻种植将占总减排潜力的 29%。

8.2.3 未来森林碳汇潜力

有一项根据管理活动估算中国森林管理活动的碳汇量及其潜力的研究，考虑的森林管理活动包括除造林、再造林和毁林（ARD）以外的可引起碳储量变化的所有森林管理活动，如控制用火、森林防火、病虫害防治、森林更新、幼林抚育（除草、松土等）、修枝、施肥、灌溉、排水、采伐及采伐剩余物和枯死木管理等。中国森林管理活动的碳汇量（CO_2-eq）及其潜力在 2030 年、2040 年和 2050 年分别是 2.67 亿吨、2.87 亿吨和 3.07 亿吨[①]。另外一项研究假定在适宜造林土地上造林的条件下，利用逻辑斯蒂方程模型和中国区域内 3 365 块森林样地的调查数据研究结果表明，中国森林生态系统（包括植被和土壤）在 2010—2060 年平均的碳汇潜力（CO_2-eq）约为每年 13.1 亿吨 / 年，2055—2060 年期间约为每年 9.2 亿吨[②]。

由于不同研究对森林的定义、假定的条件有较大的差别，再加上数据来源、方法和参数、假设条件等存在差异，中国森林碳储量及其变化的评估预测结果存在较大的不确定性。但总的来讲，中国森林生态系统具有较大的碳汇潜力，如果采取科学的植树造林措施、提高目前森林经营管理水平，森林碳储量的变化率将逐步增加，森林生态系统的碳汇贡献将会更大。

8.3 碳中和背景下中国未来农业和林业部门减缓的目标与关键措施

8.3.1 农业部门减缓目标与关键措施

农业一直被视为既是最具有大量低成本减缓技术潜力的部门之一，也是未来存在大量残留排放的部门。在碳中和背景下，中国农业非二氧化碳温室气体的排放量应于 2025 年前达峰，峰值排放量不应超过 10 亿吨 CO_2-eq，到 2060 年应比 2020 年减排 20%。其中肥料管理、稻田水分管理、低排放品种选育和新型制剂是种植业减排的重点领域，养殖业口粮优化与管理则是养殖业减排的重点领域。

肥料管理：氮肥过量及不合理施用、使用不合理的肥料品种及施用方法降低了肥料的利用率，直接或者间接地增加了农业温室气体的排放量。因此，优化施肥和增强肥料管理，可以有效地减少农田温室气体的排放。

稻田水分管理：对稻田采用合理的水分管理方式，如稻田淹水和烤田相结合，可以有效减少稻田 CH_4 排放，烤田导致土壤 Eh 增高，抑制 CH_4 产生和排放，土壤干湿交替会杀死 CH_4 细菌和其他相关微生物，降低稻田 CH_4 排放，从而使 CH_4 排放量比常规水分管理降低 30%～72%。

① 侯振宏，张小全，肖文发. 中国森林管理活动碳汇及其潜力 [J]. 林业科学，2012, 48(8):11-15.

② CAI H, HE N, LI M, et al. Carbon sequestration of Chinese forests from 2010 to 2060: Spatiotemporal dynamics and its regulatory strategies[J]. Science Bulletin, 2022, 67(8):836-843.

低排放品种：选育土壤氧化层根系发达、厌氧层根系分布小、通气组织不发达和根分泌少的品种，有利于促进根系形成有氧环境和提高甲烷氧化菌的活性，抑制甲烷产生菌的活性。试验研究表明，不同水稻品种的 CH_4 排放量存在显著差异，长江下游普遍采用的品种中，"丰两优 6 号"单位籽粒产量的 CH_4 排放量比"Ⅱ优 084"低 22%；长江中上游多采用的品种中，"五优 308"比"两优 038"的 CH_4 排放量低 28%。

新型制剂：缓控释肥中的氮素能够缓慢释放，目前中国农田使用的缓释肥都是物理性缓控释肥，可以减少 15%～79% 的 N_2O 排放。甲烷抑制剂和硝化抑制剂可以抑制稻田中的甲烷菌和旱地土壤中的亚硝化细菌等微生物活性，使稻田甲烷和旱地氧化亚氮分别减排 20% 和 50%。

口粮优化与管理：反刍动物因 CH_4 排放而损失的能量占摄入饲料总能量的 2%～15%，因此通过调控日粮营养、调整饲料类型和日粮精料粗料比例及增加日粮中的不饱和脂类物质都可以有效减少 CH_4 排放。

除了生产端技术，结构调整措施（如国际贸易和农牧结合等）和消费端的措施（均衡营养的膳食结构和减少食物浪费等）也可能大力促进农业"非二"温室气体的减排。全球多模型评估表明，2050 年中国农业部门的经济减缓潜力预计为每年 3.3 亿～7.5 亿吨 CO_2-eq（碳定价为 125 美元 / 吨 CO_2-eq），其中 30%～94% 的减排量通过技术减排方案实现，17%～49% 的减排量通过调整措施实现，改变膳食结构到 2050 年可为中国实现 1 000 万～6 000 万吨 CO_2-eq 的减排量[1]。

8.3.2　林业部门减缓目标与关键措施

森林碳汇是应对气候变化经济、有效的重要方式之一。根据《"十四五"林业草原保护发展规划纲要》，到 2025 年，我国的森林覆盖率将达到 24.1%，森林蓄积量达到 180 亿立方米；到 2030 年森林覆盖率达到 25% 左右，森林蓄积量达到 190 亿立方米。中国发展森林碳汇潜力较大，但是实现碳汇的不确定性也很大。着力提升森林碳汇增量，可优化碳中和路径，助力 2060 年前碳中和目标的实现。综合不同学者的研究结果，考虑不同的假设条件（气候变化、社会经济发展情景、植树造林、森林林龄和管理活动等），本研究预估了中国森林生态系统碳汇潜力的结果，发现 2035 年的固碳速率将在 4.1 亿～13.8 亿吨 CO_2-eq/ 年，到 2060 年，中国森林生态系统碳汇功能呈减弱趋势，预计为 2.8 亿～9.2 亿吨 CO_2-eq/ 年。

面对气候变化风险加剧，林业碳汇的路径和措施包括造林再造林、减少毁林和森林退化、管理天然林、改善人工林经营、避免木质薪材的使用、火控管理及森林恢复[2]。应通过森林可

[1] Frank S, Havlík P, Stehfest E, et al. Agricultural Non-CO_2 Emission Reduction Potential in the Context of the 1.5℃ Target[J]. Nature Climate Change, 2018, 9(1): 66–72.

[2] 田惠玲，朱建华，李宸宇，等 . 基于自然的解决方案：林业增汇减排路径、潜力与经济性评价 [J]. 气候变化研究进展，2021，17(2): 195-203.

持续管理进一步提升林业部门的碳汇潜力，确保各个时期森林碳汇能力稳定提升。

1. 加大植树造林，持续增加国土绿化力度

植树造林是提升碳汇能力，实现碳中和的有效途径之一。未来我国应当充分发挥制度优势全民绿化，因地制宜，科学种植，加大人工造林力度，扩大森林面积。应积极开展国家储备林建设，深入开展全民义务植树行动，创新义务植树管理机制，积极推进城乡绿化一体化，多形式推动增绿增汇。2020 年底，全国森林覆盖率为 23.04%。据预测，2030 年我国森林覆盖率将达到或超过 26%，2060 年将超过 29%，有望达到目前全球水平，即 30.7%。总体来看，在气候变化和技术进步的背景下，我国尚有一定扩大森林面积、提高森林覆盖率的潜力。到 2060 年，我国将有面积更大、树种更多、分布更广的造林前景，巩固森林资源较为丰富省份的发展成果、增加森林资源较为贫乏省份的资源储量是可以并需要达到的目标。

2. 推广森林可持续经营，提高森林质量

我国的森林面积达到 2.2 亿公顷，人工林面积达 7 954.28 万公顷，森林资源中幼龄林面积占森林面积的 60.94%。中幼龄林处于高生长阶段，具有较高的固碳速率和较大的碳汇增长潜力。我国是世界上人工林面积最大的国家，人工林每公顷蓄积量为 59.3 立方米，不到世界平均水平的一半，尚有较大提质增效增汇的潜力。鉴于目前我国森林仍以中、幼龄林为主，且人工造林仍在持续增长，在 2060 年前，我国森林具有较大的碳汇潜力。人工林多功能近自然全周期经营技术，是技术固碳增汇的典型做法，主要方法是通过改善森林组成和结构，促进森林生态系统碳汇能力的提高。此外，研究表明，不同树木、不同龄组的固碳能力不同，中龄林是碳储量最多的一个龄组，阔叶树高于针叶树，复层林和混交林高于纯林，碳密度以成熟林和过熟林最高。加强森林可持续经营，提高森林生态系统功能，积极探索不同地区森林可持续经营管理的技术模式以及完善指标体系，对于提高森林固碳等生态系统服务、减缓气候变化和实现碳中和具有重要的意义。

3. 保护现有森林资源，减少森林碳损失和碳排放

首先，我国应当制定全国自然保护地体系规划，明确气候变化背景下自然保护地体系的建设布局和发展目标。应深入开展自然保护地整合优化，推动实施国家公园等自然保护地建设重大工程，全面构建以国家公园为主体，自然保护区为基础，自然公园为补充的自然保护地体系，分类施策，确保重要自然生态系统、自然遗迹、自然景观和生物多样性得到系统性保护，提升自然保护地的固碳能力。其次，科学实施山水林田湖草沙保护修复工程。随着全国重要生态系统保护修复重大工程及山水林田湖草沙生态保护修复工程的实施，可显著增强碳汇能力，并通过有效抑制工程实施过程的碳泄漏，实现陆地生态系统碳汇能力的提升。在工程规划和设计阶段，要充分认识基于自然的解决方案（Nature-based Solution, NbS）在生态系统碳汇、固碳和适应气候变化方面的潜力，针对不同退化类型和不同退化程度的生态系统，

合理选择保护保育、自然恢复、辅助再生或生态重建等修复模式，实现人类社会、经济与自然复合生态关系的可持续发展。此外，应当加强野外用火管控，提升重点区域综合防控水平，保护森林资源安全，减少森林火灾导致的碳损失。同时，加强森林有害生物防控和预测预警，全力遏制森林外来有害生物扩散蔓延态势，减少因病虫害破坏森林资源造成的碳排放。

8.3.3　政策建议

第一，农业减排必须考虑对粮食安全的影响。粮食安全和三农问题始终是关系中国社会和经济稳定的核心问题，农业减排的目标和政策设计必须考虑对粮食安全、农民收入等方面的影响。因此，在农业减排过程中，也必须深入地考虑双碳目标实现过程中可能对粮食安全和产业链（如化肥、农业的生产与供应）产生的巨大风险，遵循"先立后破"原则，避免出现威胁我国粮食可靠供给的重大系统性风险。

第二，农业减排要考虑土地利用碎片化的特征和不同区域农业发展的空间异质性。中国小规模农业生产方式大大制约了技术推广与扩散速度，从而影响了减排的效果。中国有 2 亿~3 亿个农民家庭，每个家庭的耕地面积规模很小，仅有几公顷，农业系统曾严重依赖高度甚至是过度的投入[1]。研究表明，土地规模大的农业公司更有能力尝试新技术并确保盈利，而小农户往往是风险规避者，对新技术的采用更加保守。农业"非二"温室气体减排具有很大的空间异质性，不适宜采用全国"一刀切"的政策，而应该考虑不同区域农业生产、社会经济、气候环境等特征来制定有针对性的减排战略和策略，这给政策制定和精细化实施带来了巨大挑战。

第三，准确计量林业部门可实现的温室气体减排量，是实现中国碳中和目标的重要基础。需要针对林业部门制定一套科学、合理、有效、透明、可操作性的碳计量标准体系，准确计量林业部门可实现的温室气体减排量。数十年来，国家林业与草原局开展了持续多年的国家森林资源连续清查，目的是掌握森林资源宏观现状与动态，利用固定森林样地为主进行定期复查的森林资源调查，为摸清全国森林资源与生态状况作出了重大贡献。但是已有的监测体系缺乏针对碳汇监测和评估的一些关键指标，如土壤碳含量、凋落物的监测、土壤呼吸的监测等指标。这导致森林碳汇评估存在很大的不确定性。同时，应校正不同研究所评估的"森林"概念的内涵与外延，统一范围和口径；研究设计泄漏量、减排成本效益等方面的计量方法和标准等；构建不同生物气候区、不同森林生态系统的储碳功能与模型模拟，木产品及其生命周期对森林碳储量的影响等[2]。未来应当着重加强地下碳库，尤其是土壤碳库变化观测。当前

---

[1]　Cui Z, Zhang H, Chen X, et al. Pursuing Sustainable Productivity with Millions of Smallholder Farmers[J]. Nature, 2018, 555(7696): 363–366.

[2]　李奇，朱建华，冯源，等 . 中国森林乔木林碳储量及其固碳潜力预测 [J]. 气候变化研究进展，2018，14(3): 287-294.

中国地上植被碳库观测较为充分，并可与遥感观测相结合来反映不同时空尺度植被碳库的变化。但全国范围统一标准的土壤碳库定期观测仍然不足。

第四，推动农业非二氧化碳温室气体的系统监测与评估。我国尚未统筹建立农业非二氧化碳温室气体监测和统计制度体系，排放估算和预测不确定性很大。农业非二氧化碳温室气体排放机理复杂，例如，水稻种植中的甲烷排放及旱地作物的氧化亚氮排放与甲烷厌氧氧化、硝化反硝化等复杂的土壤生化过程直接相关，排放核算依赖对排放因子的长期准确监测。同时，目前农业水稻甲烷排放、反刍动物甲烷排放等尚没有科学有效的监测标准与核算技术规范，也没有公开透明的排放因子数据库，从而缺乏能够为决策提供支撑的可靠数据。另外，中国未来的农业生产受人口、城镇化、经济、饮食结构、文化、国际贸易和技术进步等多因素的影响，预测结果面临着很大的不确定性。

第 9 章

非二氧化碳温室气体排放

温室气体可划分为二氧化碳和非二氧化碳温室气体两大类别。非二氧化碳温室气体是对 CH_4、N_2O、HFCs、PFCs、SF_6 和 NF_3 的统称,简便起见,进一步将 HFCs、PFCs、SF_6 和 NF_3 归类为含氟气体(F-gas),这些气体的排放主要来自工业生产、能源部门、农业部门和废弃物部门等。非二氧化碳温室气体属于难以减掉的"顽固"排放,其温室效应也较为明显,具有较大的减排效益,因此研究非二氧化碳的减排潜力和其难以削减的"顽固"排放量对于我国有关碳中和政策的制定有着重要的意义。本章分析我国非二氧化碳温室气体的排放现状,基于定量模型研究其面向碳中和的减排路径,并提出减排的目标、路径与建议。

9.1 非二氧化碳温室气体排放特点及现状

9.1.1 非二氧化碳温室气体的温升影响

甲烷(CH_4)是仅次于二氧化碳的第二大影响气候的温室气体。在过去的 150 年间,大气中甲烷的浓度增长为原来的 3 倍,主要来源于生物过程的排放,如湿地、稻田、垃圾场、污水处理厂,反刍动物的消化系统以及化石能源开采过程的逸散。全球每年排放约 6 亿吨甲烷,其中由生物过程产生的排放量约占三分之二,化石能源开采逸散约占三分之一。

氧化亚氮(N_2O)在大气中的存留时间长,进入大气平流层中的氧化亚氮(N_2O)发生光化学分解,作为臭氧消耗的主要自然催化剂,导致臭氧层的损耗。虽然氧化亚氮在空气中的含量仅约二氧化碳的 9%,但根据 IPCC AR2 的评估报告,其全球增温潜势(GWP)是二氧化碳的 310 倍,其浓度的增加已引起科学家的极大关注。

虽然氢氟烃(HFCs)的消耗臭氧潜能值(ODP)为零,但在大气中停留时间较长,GWP 较高,大量使用会引起全球气候变暖。

六氟化硫（SF$_6$）本身对人体无毒、无害，但它却是一种高温室效应气体，其 GWP 是二氧化碳的 2.39 万倍，增温潜势最高，且由于六氟化硫（SF$_6$）具有高度的化学稳定性，因此在大气中的存留时间可长达 3200 年。

全氟化合物（PFCs）广泛应用于半导体产业和 LCD 液晶面板产业中，其 GWP 值比二氧化碳要高数千倍，即使是相对少量的气体排入大气，也会产生较大的累计效果，对地球温室效应具有长期深远影响。

根据 IPCC 报告第六次评估报告，地球的平均气温相较于工业革命前（1850—1900 年的平均值）已经升高 1.1℃，其中甲烷对温升的贡献约为 0.5℃（图 9-1）。根据《巴黎协定》，全球平均温升上升幅度要控制在 2℃ 以内，并努力限制在 1.5℃ 以内，甲烷等非二氧化碳温室气体的深度减排，是实现 21 世纪末将全球升温控制在 1.5℃ 以下的必要条件。

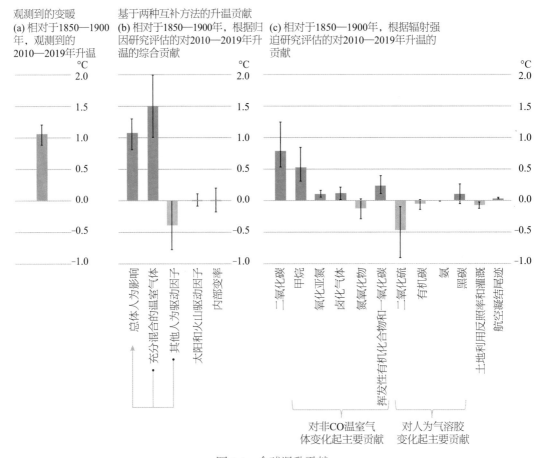

图 9-1　全球温升贡献

9.1.2　我国非二氧化碳温室气体排放现状

根据中国国家信息通报及两年更新报告官方清单数据，2005 年我国非二氧化碳温室气体排放量约为 14.9 亿吨 CO_2-eq，占全国总排放量（含土地利用变化和林业）的 20.6%。2014 年，我国非二氧化碳温室气体排放量约为 20.6 亿吨 CO_2-eq，相比 2005 年有所增加，但排放量占比则有所下降，约为 18%（图 9-2）。

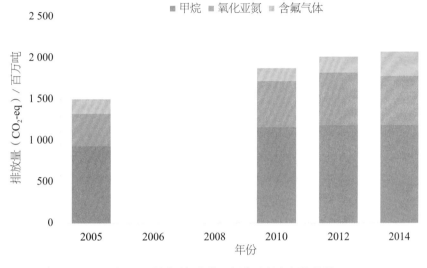

图 9-2　我国近年来非二氧化碳温室气体排放

本研究测算 2020 年我国非二氧化碳温室气体排放主要来源为甲烷，约占 49%，而氧化亚氮和含氟气体排放占比分别为 28% 和 23%。甲烷是中国最重要的非二氧化碳温室气体，能源相关甲烷排放量在甲烷总排放量中的占比接近 50%，由于我国以煤炭为主的能源结构，煤炭相关甲烷排放量在能源相关甲烷排放量中的占比达 95% 以上。如果按照"非二"气体碳排放的部门贡献来看，能源、工业和农业部门的贡献基本相当，都在 30% 左右，其中农业部门占 34%、能源部门占 30%、工业部门占 28%，废弃物部门占比较少，仅为 8%（图 9-3）。

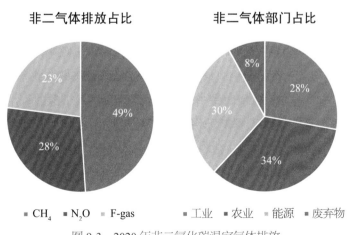

图 9-3　2020 年非二氧化碳温室气体排放

9.2 我国非二氧化碳温室气体减排路径

9.2.1 基本参数与情景假设

本研究基于清华大学能源环境经济研究所开发的 China-MORE 模型构建和分析非二氧化碳温室气体减排的措施与效果。China-MORE 模型是基于能源系统框架构建的多温室气体减排评价模型（图 9-4），该模型基于能源系统的特点，使本研究能够从整个能源转型的路径出发，在分析非二氧化碳温室气体减排政策的同时，考虑能源系统低碳转型过程中对非二氧化碳温室气体减排的协同效果。非二气体排放模块是由关注能源相关二氧化碳排放的能源系统模型向多温室气体减排评价模型过渡的关键。在"非二"气体排放模块中，重点对能源活动中煤炭开采、油气系统、交通部门、生物质燃烧，农业生产中水稻种植、动物肠道发酵、动物粪便管理、农用地，废弃物处理部门中固体废弃物、工业废水和生活废水，以及工业生产过程中硝酸生产、己二酸生产、铝冶炼、半导体制造、氯氟氰碳化合物（ODS）生产及使用等环节进行驱动因素和排放因子设定。

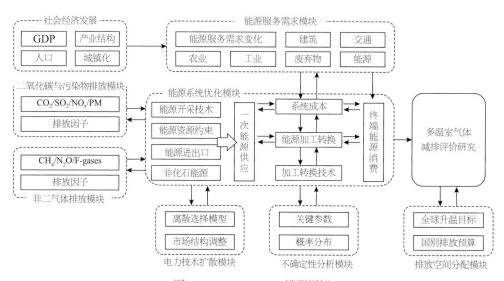

图 9-4　China-MORE 模型框架

"非二"气体的排放与未来的社会经济发展情景息息相关，中国已经提出 2030 年前碳达峰和 2060 年前碳中和的双碳目标，为了分析和评估在此政策背景下，未来中国非二氧化碳温室气体的排放和减排潜力，本研究设定了两个情景：情景 1 为无额外约束减排情景（NAC），该情景是以实现二氧化碳净零减排为目标，同时实现协同非二氧化碳温室气体减排情景；情景 2 为 2060 年非二氧化碳温室气体实现深度减排情景（DER），主要考虑在 2060 年前实现全温室气体中和的目标。各情景的基准年均为 2015 年，目标年为 2060 年，以每 5 年为间隔进行预测。

　　本研究考虑的非二氧化碳温室气体排放包括 CH_4、N_2O 和 F-gas 气体，涉及的排放源主要包括能源系统的煤炭开采、油气系统、生物质燃烧和交通，农业部门的水稻种植、肠道发酵、粪便管理和农用地，废弃物处理中的固体废弃物、生活污水和工业废水，以及工业部门硝酸生产、己二酸生产、HCFC-22 生产、半导体制造、电力系统、ODS 生产与使用（房间空调、汽车空调制冷）等（表 9-1）。

表 9-1　本研究覆盖的非二氧化碳温室气体排放范围

部　门	排　放　源	CH_4	N_2O	F-gas
能源活动	煤炭开采	●		
	油气逸散	●		
	交通运输	●	●	
	生物质燃烧	●	●	
工业生产过程	己二酸		●	
	硝酸		●	
	电解铝			●
	HFC			●
	SF_6			●
农业部门	水稻种植	●		
	农用地		●	
	动物肠道发酵、粪便管理	●	●	
废弃物处理	城市生活垃圾	●		
	生活污水	●	●	
	工业废水	●		

　　所涉及的排放源的活动水平相关定义如下：

1. 能源部门

　　能源部门包括煤炭开采和油气系统，其中煤炭包括井工开采、露天开采、矿后活动、废弃煤矿和煤矿瓦斯回收利用。煤炭活动水平由模型内生，本书根据过去几年露天煤矿在原煤生产中的比例，认为露天原煤占 17%。各子环节的排放因子来源于团队的研究分析结果。油气系统包括天然气的开采、加工、输送和进口，以及石油开采、输送、进口与精炼等环节，其活动水平由模型内生。交通部门的活动水平定义为轿车、公共汽车、货车等道路交通里程数，以及火车、轮船等非道路交通的能耗水平。

2. 农业部门

　　农业部门的排放主要包括水稻种植的 CH_4 排放、农用地的 N_2O、反刍动物肠道发酵的 CH_4 排放和动物粪便管理产生的 CH_4 排放。水稻种植的活动水平为单季稻、双季早稻、双季晚稻种植面积和冬水田面积，未来的活动水平根据《中国农业展望报告 2021—2030》设定。在测算农用地 N_2O 排放时，活动水平分别为农用化学氮肥、牲畜粪肥和作物残茬的输入量。氮肥输入量参考《中国统计年鉴》；粪肥输入量基于各类牲畜年末存栏量，结合《第一次全国污染源普查畜禽养殖业产排污系数手册》确定污染物粪肥产率等参数推算得到。农用地的 N_2O 排放定义为直接排放和间接排放两部分，前者指输入到农用地的氮就地转化为 N_2O 并释放到大气中的过程。间接排放方面，沉降到农田外的大气氮排放因子为 1%，淋溶径流损失的氮间接排放因子为 0.75%。在测算动物肠道发酵 CH_4 排放时，活动水平为奶牛、水牛、黄牛、骡、马、骆驼、驴、猪和羊共 9 种畜禽的年末存栏量，未来的活动水平预测由人口数量驱动。在测算动物粪便管理过程的 CH_4 和 N_2O 排放量时，活动水平为奶牛、水牛、黄牛、骡、马、骆驼、驴、猪、羊和家禽等 10 种畜禽的年末存栏量，沿用《国家信息通报》中的排放因子进行建模测算。

3. 固体废弃物处理

固体废弃物处理过程中的活动水平分别定义为填埋处理量、焚烧处理量和堆肥处理量。其中填埋甲烷排放参考国家信息通报使用一阶衰减法进行测算。固体废弃物焚烧处理过程中排放的 CH_4 和 N_2O 气体，采用 IPCC 清单指南方法估算。堆肥处理过程中的 CH_4 排放参照 IPCC 缺省方法进行估算。固废处理活动水平依据城镇人口数量进行外推预测，并根据统计数据设定 2015 年固废焚烧率为 35%，2020 年固废焚烧率为 50%。生活污水处理以污水中的可降解有机材料数量作为活动水平，由城镇人口、人均生化需氧量（BOD）中有机物含量、易于沉积的 BOD 比例、污泥中厌氧降解的 BOD 比例决定，主要驱动因素为城镇人口。工业废水 CH_4 排放活动水平定义为水体中化学需氧量 COD 含量，由直接排入海的 COD 量与经过污水处理厂去除的 COD 量共同决定，未来的驱动因素定义为工业增加值。废水处理 N_2O 排放以废水中氮含量作为活动水平，这部分氮含量由我国总人口数、年人均蛋白质消耗量、蛋白质中的氮含量、废水中的非消耗蛋白质水平和工商业蛋白质排放水平共同决定。未来趋势主要取决于总人口数与年人均蛋白质消耗量的变化情况。

4. 工业生产过程

硝酸、己二酸生产过程 N_2O 排放测算以各生产技术的硝酸和己二酸产量作为活动水平。己二酸产量随着农用地氮肥用量达峰并进入平台期，2020 年后维持在峰值水平。

铝冶炼过程 PFCs 排放量测算，以电解铝产量作为活动水平。未来趋势由模型终端能源服务需求模块决定。铝冶炼过程中的排放因子综合现有研究取为 0.68 吨 CO_2-eq/ 吨铝。

电力系统中，以生产安装和运行维护阶段的 SF_6 使用量为活动水平进行相应 SF_6 排放量的测算。生产安装阶段的活动水平取决于电力系统的新增装机容量和单位容量对应的 SF_6 使用水平，而运行维护阶段的活动水平由系统在役的总装机容量和单位容量的 SF_6 使用量共同决定。未来的活动水平变化由模型基于电力供需关系决定。

在半导体制造过程中，活动水平定义为 F-gas 气体用量，主要用于半导体制造业晶圆制作过程中的等离子刻蚀与化学蒸汽沉积反应腔体的电浆清洁和电浆蚀刻。未来的增速设定为与GDP 增速保持一致。

HCFC-22 生产过程 HFC-23 排放量测算，以 HCFC-22 产量作为活动水平。未来趋势预测进一步将 HCFC-22 用途细化为国内 ODS 使用、国内原料使用、出口 ODS 用途和出口原料用途四类。根据蒙特利尔协定，逐步淘汰 ODS 用途 HCFC-22 生产，仅保留原料用途 HCFC-22产量。

汽车空调制冷过程中的 HFC-134a 排放量测算以轿车、客车和货车中的空调车保有量作为活动水平，考虑包括初始灌装、正常运行、维修和废弃阶段在内的全过程排放。排放因子沿用《第二次国家信息通报》。

采用 R410a 替代 HCFC-22 作为房间空调制冷剂，测算过程中，活动水平定义为房间空调保有量，历史数据来源为《中国统计年鉴》，未来变化趋势参考模型中能源系统优化模块的居民部门终端服务需求变化。城市居民房间空调器保有量水平测算的驱动因子为城市居民数量、城市家庭户均人数和百户空调拥有量；农村居民空调保有量测算由农村人口数量、农村家庭户均人数和百户空调拥有量共同决定。

ODS 生产过程排放以逸散排放形式为主，活动水平为 HFC-32、HFC-125、HFC-134a、HFC-143a、HFC-152a、HFC-227ea、HFC-236fa 和 HFC-245fa 的产量，未来趋势重点参考GDP 的增速来设定。

本报告深度减排 DER 情景，关于分部门活动水平与减排技术措施的假设如表 9-2 所示。

表 9-2　深度减排 DER 情景假设

排 放 源	气　体	活动水平 / 主要技术措施
油气系统	CH_4	2060 年工业部门尽可能实现电气化，基本在 70% 左右，除作为必要的化工原料外，淘汰工业部门燃油需求
交通部门	CH_4, N_2O	全面淘汰燃油车。到 2060 年，私家车全面电动化，仅保留不超过 10% 的混合动力汽车。推广电动以及氢能公交车和大客车，超过 50% 的卡车使用氢能和 CNG 等替代能源
水稻种植	CH_4, N_2O	75% 以上的农田采用烤田和间歇灌溉的节水技术；全面推广测土配方施肥，减少氮肥施用
农用地	N_2O	全国范围实视测土配方施肥，推广缓释肥，减少氮肥投入
肠道发酵	CH_4	推广健康饮食，假定我国人均牛肉消费量适量增加，至 2050 年达到韩国当前水平后基本维持不变； 人均猪肉消费量已经远超发达国家，假定 2025 年后人均消费量逐步下降，且每年下降幅度与牛肉消费量上升幅度一致
油气系统	CH_4	2060 年工业部门尽可能实现电气化，基本在 70% 左右，除作为必要的化工原料外，淘汰工业部门燃油需求

排 放 源	气 体	活动水平／主要技术措施
粪便管理	CH_4, N_2O	推广健康饮食，假定我国人均牛肉消费量适量增加，至 2050 年达到韩国当前水平后基本维持不变； 人均猪肉消费量已经远超发达国家，假定 2025 年后人均消费量逐步下降，且每年下降幅度与牛肉消费量上升幅度一致
固体废物	CH_4	推广健康饮食，假定我国人均牛肉消费量适量增加，至 2050 年达到韩国当前水平后基本维持不变； 我国人均猪肉消费量已经远超发达国家，假定 2025 年后人均消费量逐步下降，且每年下降水平与牛肉消费量上升幅度一致
生活污水／工业废水	CH_4	到 2030 年所有固体废物得到无害化处理。逐步提高垃圾焚烧处理的比例，到 2060 年实现 100% 的垃圾焚烧，全面淘汰填埋技术
硝酸生产	N_2O	推广污泥厌氧消化技术，使得污水处理过程中 10% 的 CH_4 的到回收利用
己二酸生产	N_2O	硝酸产量随着氮肥产量的下降逐步减少
铝冶炼	PFCs	热分解和催化分解等末端减排技术应用率到 2060 年达到 100%
电力系统	SF_6	自动熄灭阳极效应和无效应铝电解工艺等占比到 2060 年达到 100%
半导体制造	PFCs	使用 N_2+SF_6 混合气体全面替代
HCFC-22 生产	HFC-23	使用 COF2 全面替代
家用空调	HFCs, HCFC-22	根据蒙特利尔协定，逐步淘汰 ODS 用途 HCFC-22 生产，仅保留原料用途 HCFC-22 产量
汽车空调	HFCs, HCFC-22	按照基加利修正案逐步淘汰 HCFC-22 和 HFCs 的使用，到 2045 年淘汰至基年的 20%。假设 2060 年全部淘汰完毕，主要考虑使用 R290 替代
工商业制冷	HFCs, HCFC-22	按照基加利修正案逐步淘汰 HCFC-22 和 HFCs 的使用，到 2045 年淘汰至基年的 20%。假设 2060 年全部淘汰完毕，主要考虑使用 HFO-1234yf 替代
ODS 生产	F-gas	按照基加利修正案淘汰幅度降低 ODS 的产生产能，到 2060 年仅保留部分产能用于维修

9.2.2 非二氧化碳温室气体排放路径

在 NAC 情景下，没有额外约束非二氧化碳温室气体的排放，发生的额外非二氧化碳温室气体的减排主要是来自二氧化碳减排努力带来的协同减排，如煤炭开采量下降带来的煤炭甲烷排放量下降。在 NAC 情景下，中国非二氧化碳温室气体排放量在 2030 年之前持续上升，到 2030 年排放量达到 23.3 亿吨 CO_2-eq，2035 年降至 21.2 亿吨 CO_2-eq，比峰值下降约 9%，随后下降至 2060 年的 14.8 亿吨 CO_2-eq，比峰值下降 37%。除含氟气体外，甲烷排放在 2020—2060 年下降了一部分，2020 年甲烷排放量为 10.4 亿吨 CO_2-eq，到 2060 年下降为 6.9 亿吨 CO_2-eq。在部门层面上，工业部门和能源部门是非二氧化碳温室气体变化的主要部门，主要是工业部门的含氟气体排放和能源部门甲烷排放（图 9-5）。

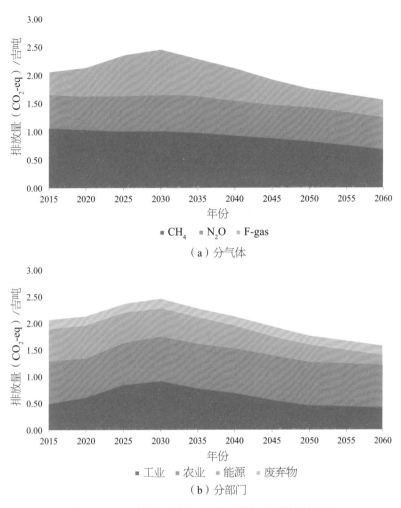

（a）分气体

（b）分部门

图 9-5　NAC 情景下的非二氧化碳温室气体排放趋势

在 DER 情景中下，对全温室气体排放进行约束，包括对非二氧化碳温室气体排放量的约束，使得非二氧化碳温室气体实现快速减排，于 2020 年达到峰值之后迅速下降，到 2030 年非二氧化碳温室气体排放量总计为 14.5 亿吨 CO_2-eq，2035 年为 13.1 亿吨 CO_2-eq，到 2060 年为 8.9 亿吨 CO_2-eq，分别相比于 2020 年下降了 32%、38% 和 58%（图 9-6）。与其他情景不同的是，含氟气体排放在 2020 年后也迅速减排，而非逐渐上升达到峰值后再逐渐下降。此外甲烷和氧化亚氮也在 2020—2060 年不同程度地减排，甲烷减排了 59%，N_2O 减排了 30%，含氟气体减排了 90%。从绝对量的角度来看，甲烷和含氟气体是减排最多的气体，相比于 2020 年分别减排 6 亿吨和 4.5 亿吨 CO_2-eq，而氧化亚氮仅减排 1.8 亿吨 CO_2-eq。

从部门的角度来看，DER 情景下的减排同样主要发生在能源和工业部门。农业部门的减排比较有限。2020—2060 年，工业、农业、能源和废弃物处理部门分别减排 5.6 亿吨、0.53 亿吨、5.3 亿吨、0.87 亿吨 CO_2-eq。不难看出，氧化亚氮是较为难减排的气体，在该情景下的减排潜力有限，而含氟气体和甲烷具有较大的减排潜力。其中工业部门含氟气体到 2060 年几乎可以完全减排，仅剩下部分排放量。到 2060 年，仍然存在相当数量的甲烷排放，这主要是与农业部门有关，农业部门是非二氧化碳温室气体减排中的最难减排部门，到 2060 年，农业部门还剩余 6.9 亿吨 CO_2-eq 排放量，占所有剩余排放量的 78%。

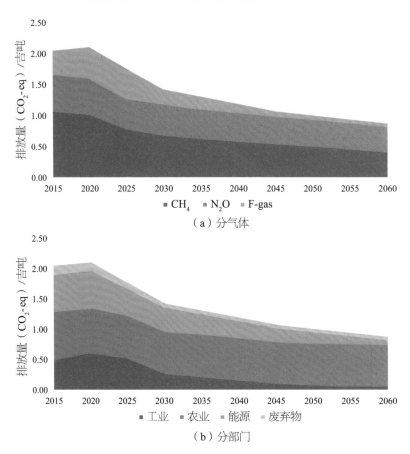

图 9-6 DER 情景下的非二氧化碳温室气体排放趋势

9.2.3 重要减排部门和潜力

如图 9-7 所示，NAC 情景下，非二氧化碳温室气体减排来自减排二氧化碳努力带来的协同效益，2030 年前非二氧化碳温室气体排放量还会缓慢上升，而 2030 年后持续下降。而在 DER 情景下，若要实现更为深度的减排，则需要加大非二氧化碳气体的减排力度，要求 2020 年后非二氧化碳温室气体实现减排，使 2030 年相对于 NAC 情景减排 10.3 亿吨 CO_2-eq，2035 年实现减排 9.7 亿吨 CO_2-eq，2060 年实现减排 6.9 亿吨 CO_2-eq，即 2060 年非二氧化碳温室气体排放不超过 10 亿吨 CO_2-eq，可以有效避免大规模负排放技术的需求。

图 9-7　排放路径比较

图 9-8 中展示了两种情景比较下,将额外的累积减排量贡献分解到不同气体与部门的情况。DER 情景相比于 NAC 情景的非二氧化碳温室气体额外减排主要是含氟气体和甲烷的减排,分别贡献了 43% 和 39%。主要的减排贡献部门为工业部门(含氟气体),其次为能源部门、农业部门和废弃物部门。

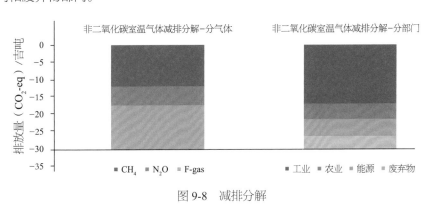

图 9-8　减排分解

两种情景相比较,甲烷的排放主要来自煤炭开采、废弃煤矿、生活污水、肠道发酵、工业废水、粪便管理、油气系统、交通、生物质、水稻种植、固体废弃物等排放源。如图 9-9 所示,煤炭开采、固废处理、肠道发酵等部门是甲烷减排的重点部门,特别是与煤炭开采相关的甲烷减排,是甲烷减排最重要的贡献领域。图 9-9 展示了 2035 年和 2060 年,DER 情景相对于 NAC 情景的减排潜力及重点领域。在 2035 年,煤炭甲烷减排 1.1 亿吨 CO_2-eq,是最大的甲烷减排来源,占比约为 30%,其次为固体废弃物处理、肠道发酵等领域。在 2060 年,煤炭部门不再是最重要的减排部门,因为随着煤炭消费量的降低,NAC 情景下已有大部分煤炭甲烷实现了协同减排,再通过额外的回收利用等措施带来的减排相对有限,仅为 0.3 亿吨 CO_2-eq,

占比 13%。相反，肠道发酵、工业废水和固废处理等成为 2060 年最主要的减排来源，此外，水稻种植和油气系统的甲烷减排潜力在 2060 年有所降低。

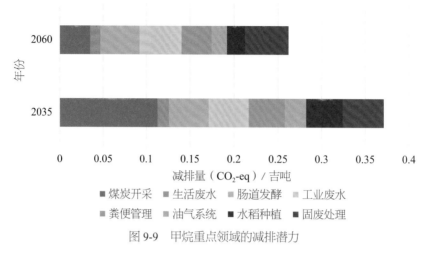

图 9-9　甲烷重点领域的减排潜力

N_2O 的排放主要来源于己二酸生产、硝酸生产、农用地、交通、生物质燃烧、粪便管理和废水处理等过程，其减排潜力较为有限，如图 9-10 所示，在 2035 年和 2060 年减排量为 1.5 亿吨 CO_2-eq。其中最主要的减排领域是己二酸生产过程中的 N_2O 减排，在 2035 年和 2060 年均能减排 1.33 亿吨 CO_2-eq，占 87% 和 90%。其他重点减排领域包括交通和生物质燃烧、硝酸生产和农用地的氮肥施用减少等领域，但减排贡献较低。近年来我国大力推广测土配方施肥、有机肥和缓释肥等施肥技术，这可以大大降低我国的氮肥的施用量，从而减少土地 N_2O 的排放。除此之外的其他排放领域的 N_2O 则很难得到削减。

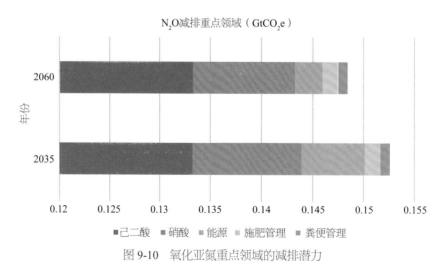

图 9-10　氧化亚氮重点领域的减排潜力

我国的 F-gas 排放的主要排放源为家用空调、汽车空调、商业空调与制冷、HCFC-22 生产、

电力系统、铝冶炼、ODS 生产、半导体制造等。如图 9-11 所示，家用居民空调和 HCFC-22
生产是含氟气体减排的关键领域，特别是在 2035 年。2035 年家用空调可以减排 2.8 亿吨 CO_2-
eq，占 63%，HCFC-22 生产可以减排 1.1 亿吨 CO_2-eq，占 25%。到 2060 年，家用空调的减排
潜力相对降低，仅 0.7 亿吨 CO_2-eq，而 HCFC-22 生产减排潜力仍为 1.1 亿吨 CO_2-eq 左右。除
此之外，电力部门、汽车空调、ODS 生产和半导体制造部门也是减排的重点领域，但减排潜
力相对较小。

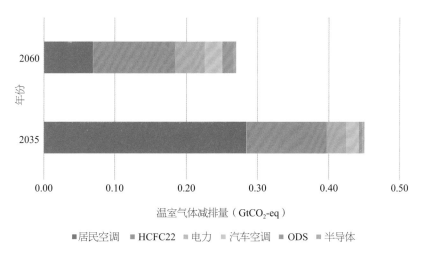

图 9-11 含氟气体重点领域的减排潜力

9.3 目标路径与建议

9.3.1 目标路径

为了实现《巴黎协定》的温度目标，非二氧化碳温室气体的减排越来越多受到国际社会
的关注，全球需在 21 世纪下半叶实现人为源温室气体的零排放。目前，我国每年非二氧化碳
温室气体排放约 20 亿吨 CO_2-eq，占全球非二氧化碳温室气体排放总量的 14% 左右。发达国
家在 1990—2012 年有 1/3 的温室气体减排是通过减少非二氧化碳温室气体排放实现的。为有
效缩减排放差距，目前各国应对气候变化行动日益关注非二氧化碳温室气体的减排潜力，美国、
英国、欧盟、加拿大、新西兰等地区和国家的碳中和目标中，也纷纷纳入非二氧化碳温室气体。

研究表明，CO_2 减排无法在近二三十年内有效控制温升，全面部署现有可用的甲烷减排
措施能够使未来数十年的全球变暖速度延缓约 25%，到 21 世纪中和 21 世纪末分别可以避免
0.25℃ 和 0.5℃ 的升温。但若甲烷减排行动趋于缓慢，则会导致 2030—2050 年全球平均升温
率分别增加 5%~20%，因此全面开展甲烷减排十分必要。

预计到 2030 年前，中国非二氧化碳温室气体排放量预计还将保持小幅上升，通过推动二氧化碳减排对非二氧化碳温室气体的协同减排作用，基本可以实现 2030 年前非二氧化碳温室气体与二氧化碳同步达峰，预计至 2035 年可以实现比峰值下降超过 7% 的减排；若 2060 以前进一步部署非二氧化碳温室气体的减排技术与措施，预计可以实现比峰值水平下降 36%～60%，也可以尽量减少对负排放技术的需求。

其中，甲烷和含氟气体的减排潜力较大，而氧化亚氮则较难实现大幅度减排。预计 2035 年前，DER 情景下，甲烷和含氟气体比 2020 年减排超过 8.3 亿吨 CO_2-eq，实现减排占比超过 80% 以上。到 2060 年，甲烷、氧化亚氮和含氟气体相比 2020 年分别减排 6.1 亿吨 CO_2-eq（59%）、1.8 亿吨 CO_2-eq（28%）和 4.5 亿吨 CO_2-eq（90%），大部分的减排还是来自甲烷和含氟气体。

甲烷的关键减排领域包括煤炭开采、固废处理和肠道发酵等环节；氧化亚氮的关键减排领域为己二酸、硝酸生产、交通部门和生物质燃烧等；含氟气体关键减排领域为家用空调、HCFC22 生产、电力系统等。工业部门和能源部门则是非二氧化碳温室气体减排的关键部门，分别主要贡献了含氟气体和甲烷的减排。到 2060 年，废弃物部门的剩余排放也较少，而农业部门则是关键的减排难度较大的部门，到 2060 年，农业部门是最主要的非二氧化碳温室气体排放源，占总非二氧化碳温室气体排放量的 83%。

总体而言，中国非二氧化碳温室气体在 DER 情景下可以进一步实现深度减排，应当重点关注工业、能源等部门的减排，因为这些部门具有较大的减排潜力。煤炭开采甲烷排放、己二酸 / 硝酸生产、家用空调、HCFC22 生产等关键领域的减排应该被重点关注。中国陆续发布"1+N"政策体系，其中"1"是碳达峰碳中和指导意见，"N"包括 2030 年前碳达峰行动方案，以及重点领域和行业政策措施及行动，并且对"非二"气体相关控制工作进行了部署，包括控制氢氟碳化物等非二氧化碳温室气体在相关工业行业的排放。

9.3.2　小结与建议

1. 二氧化碳减排可以在煤炭和石油领域产生非二氧化碳温室气体的协同减排，近期需要扩大能源甲烷的回收利用技术

煤炭行业甲烷排放在控制煤炭消费和提高甲烷回收利用强度的作用下，可以得到有效的控制，其中控制煤炭消费预计可以产生较好的非二氧化碳温室气体减排的协同效果，尤其是在 2060 年退煤之后，能源甲烷排放大部分来自油气相关的逸散和放空。从技术成熟度的角度看，煤矿甲烷利用的最佳可行技术就是发电工程技术、乏风氧化梯级利用技术及煤矿甲烷民用工程。目前浓度在 30% 以上的煤矿甲烷约占煤矿甲烷总产生量的 8%，这部分利用工程技术相当成熟、利用成本低、效益也较好，广泛应用于发电、民用、化工、汽车燃料等领域，控排的潜力很小。浓度在 30% 以下的煤矿甲烷量占总产生量的 90% 以上，特别是浓度在 9% 以下

的煤矿甲烷，其利用潜力还很大。

油气系统的甲烷排放量与我国石油和天然气的需求量成正相关，若能够大幅减少油气资源的需求量则可以大量降低油气系统产生的温室气体排放量。在石油系统中，最大的甲烷排放源是从生产和原油储罐中排放的伴生气。在天然气系统中，估计生产过程中的甲烷排放量占总排放量的 52.5%，处理过程占 31.1%，储运和分销过程占 16.4%。天然气系统中，大部分甲烷排放属于逃逸性设备泄漏，其减排技术主要是针对放空方式的控制，通过流程优化、设备更新、工艺改造等技术手段，降低或减少放空气，提高甲烷回收量。对于逸散类的甲烷气体，则缺少较为有效的减排手段。

2. 非二氧化碳温室气体深度减排情景下，还需要实现氧化亚氮气体的大幅减排

在工业生产过程领域，存在多种 N_2O 减排技术，但这些技术在我国的推广应用还存在三个方面的障碍：

首先是政策障碍，我国目前没有强制控制工业生产过程 N_2O 排放的政策。以前实施的一些硝酸、己二酸企业 N_2O 减排 CDM 项目，由于 2012 年之后欠缺买家，因此基本都已陆续停止。到目前为止，我国硝酸、己二酸企业所产生的 N_2O 尾气基本都是直排到大气中。

其次是技术障碍，一些技术仅停留于实验室研究阶段，尚未实现规模化的工业生产。硝酸行业最主要的 N_2O 源头控制方法是采用我国已实现国产化的双加压法硝酸生产技术，替代采用高压法、中压法、常压法等实现的硝酸产能。己二酸行业的 N_2O 源头控制技术主要是采用其他原料路线或方法来替代环己烷法的己二酸产能。环己醇法由日本旭化成公司首次使用，虽然使用原料与环己烷法类似，但氢气和硝酸的消耗大大减少，因此具有 N_2O 减排效果。丁二烯法、臭氧加紫外线照射等方法也都由于没有硝酸氧化环节，因此可避免产生 N_2O 排放，且目前都处于实验室研究阶段。而己二酸行业基本不采用过程控制技术来减少 N_2O 排放，但是所采用的催化分解法的末端控制技术具有催化剂成本较高、寿命较短等缺点，因此我国己二酸行业更多使用热分解法来进行末端治理。

最后还有经济障碍，因为无论是哪种 N_2O 减排技术，在缺乏环境约束的前提下，都会增加企业的生产成本，因此若没有政策对减排技术进行大力引导与支持，企业将较难有积极性去推广与实施减排。

3. 加强非二氧化碳温室气体监测的技术攻关与体系建设

非二氧化碳温室气体排放受到众多行业、领域和活动水平的影响，与各种生产过程和生产工艺紧密联系，往往呈现无组织、间歇性排放等特征。与二氧化碳排放主要依靠能源燃烧品种核算基础不同，非二氧化碳温室气体排放底数需要在有较好排放因子的积累基础上进行统计核算。但目前国内非二氧化碳温室气体监测仪器设备的精度水平普遍偏低，监测采样缺乏统一标准和规范。我国尚未构建起系统的监测和统计制度体系，缺乏开展非二氧化碳温室

气体监测和统计的年度工作制度和预算安排。

我国近期可以制定非二氧化碳温室气体采样和清单核算的国家标准和技术规范，推进非二氧化碳温室气体监测计量设备的研制与推广应用。中期不断完善构建清单编制、质量控制和数据核查流程机制，完善温室气体统计与数据管理系统，推动国家非二氧化碳温室气体清单核算的常态化。远期持续推动煤炭和油气企业不断创新监测手段，逐步引入移动监测、卫星监测等先进技术手段，在有条件的企业、区域开展实时在线监测试点。鼓励企业结合基于测量的"自上而下"与"自下而上"的方法提高数据的准确性，与地方生态环境局监管系统联网，推动监测体系统筹融合。

4. 加强能源及固废处理领域甲烷回收利用技术研发

我国尚未对能源相关甲烷排放设置明确的控制目标和要求，较难调动企业对控制甲烷的积极性。需要加强煤炭、油气系统甲烷减排控制技术研究，尽快形成一批可以推广的甲烷回收利用技术。从煤炭生产行业来看，应该严格控制煤炭产量；支持煤层气高效抽采和梯级利用工程，实现高浓度煤层气直接利用，中低浓度煤层气浓缩提纯利用，建设低浓度瓦斯发电系统；推广应用矿井乏风氧化利用供热或发电技术，建立煤矿瓦斯抽采利用示范工程专项资金；加大技术创新，不断开拓甲烷气体利用的新领域，提高不同浓度煤矿甲烷的利用率水平等。控制油气行业甲烷排放的措施包括：限制油气生产系统 CH_4 放空行为，推广油气系统 CH_4 放空气回收利用技术，减少油气系统设备/组件 CH_4 泄漏，开展油气系统甲烷泄漏监测和甲烷回收利用试点示范工程等。

城市废弃物处理温室气体的减排可以从以下几个方面进行推进：优化废弃物处理方式，减少废弃物填埋量，增加焚烧量；推进固体废弃物、污水等废弃物无害化处理和资源化利用；改变生活垃圾末端处理工艺的低级、单一现状，减少垃圾填埋量，积极发展垃圾焚烧发电项目；完善垃圾填埋场、污水处理厂甲烷收集利用及与常规污染物协同处理工作，提高废弃物处理效率和能力；考虑结合填埋、焚烧和堆肥的城市垃圾综合处理技术，使资源得到充分回收利用，提高产后护理效率。

5. 在合适的时机将甲烷排放纳入市场机制，鼓励企业开展甲烷减排

修订温室气体自愿减排机制，支持具备条件的甲烷减排项目参与温室气体自愿减排交易，鼓励地方和行业企业开展甲烷排放控制合作，建立示范项目和工程，推动甲烷利用相关技术、装备和产业发展，实现减少温室气体排放，能源资源化利用和污染物协同控制等多重效应。

第 10 章

实现碳中和的能源转型投资需求分析

实现碳中和目标要求能源体系快速而深度转型，而资本是促进能源转型的重要生产要素。引导资金向更有利于绿色低碳转型领域聚集，对实现碳达峰、碳中和目标具有重要意义。本章将对碳中和目标下能源供给侧（能源部门）和能源需求侧（工业、交通和建筑部门）新增投资需求进行估算。量化能源转型对气候资金的需求规模和结构，可以使资金有效地配置到更具成本效益的领域，从而广泛地动员各类资本有序、有效进入气候治理领域。

10.1 能源相关投资现状

根据国际能源署（IEA）的统计，近几年全球能源相关投资基本保持在年均约 2 万亿～3 万亿美元的水平。2019 年为 2.372 万亿美元，2020 年受新冠疫情的影响，投资水平下降至 2.145 万亿美元，2021 年投资回升至 2.396 万亿美元，2022 年、2023 年持续升高达 2.741 万亿

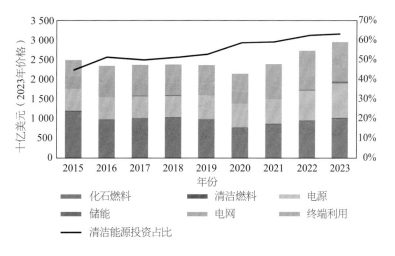

图 10-1 全球能源相关投资规模与构成

美元和 2.973 万亿美元 [①]（图 10-1）。可再生能源、电网等清洁能源逐渐成为能源投资的主要方向。2023 年全球清洁能源相关投资总额达 1.883 万亿美元，占全球能源相关投资总量的 63%。

按照 IEA 的统计核算口径，中国 2023 年的能源相关投资约为 8 190 亿美元（约 5.8 万亿元人民币），占全球总量约 27.5%。其中，清洁能源相关投资约为 6 260 亿美元（约 4.4 万亿元人民币），占全球清洁能源总投资的 33%，在全球处于领先地位（图 10-2）。规模巨大的清洁能源投资，体现了中国清洁能源转型的强劲态势，也很好地反映了中国应对气候变化的行动力度。

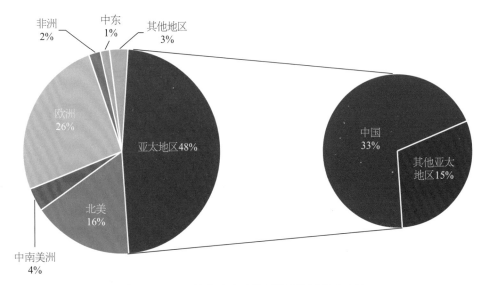

图 10-2　2023 年全球清洁能源投资区域分布占比

10.2　研究方法

10.2.1　能源相关投资估算口径

一些研究对能源相关投资进行了估算，但是不同文献在投资范围的界定与测算口径上具有较大差异（见表 10-1，表 10-2）。狭义而言，能源相关投资主要测算具有较强公共产品属性的能源基础设施投资。近年来，随着能源转型的不断推进，能源相关投资测算呈现出三方面的新特征：一是更加注重以新能源与可再生能源为主的清洁能源投资；二是不仅包括能源供应侧投资，也包括与能源消费密切相关的设施和设备等固定资产投资，例如，IEA 所核算的能源投资既包括化石燃料、可再生能源、电网等能源供应侧投资，也包括能效、其他终端利用

表 10-1　不同文献能源相关投资的研究范围

文　献	现状核算	未来预估	能源供应侧			能源需求侧			CCUS
			电力		其他能源	工业	交通	建筑	
			电源	电网					
BloombergNEF (2023) [75]	√		√	√	√	√	√	√	√
IEA (2024) [72]	√		√	√	√	√	√	√	√
UNFCCC (2022) [76]	√		√		√	√	√	√	√
BP (2023) [77]		√	√	√	√	√	√	√	
张静 (2022) [78]		√	√	√	√	√	√	√	√
World Bank Group (2022) [79]		√	√	√		√			
Zhang & Chen (2022) [80]		√	√		√				√
中国金融学会绿色金融专业委员会课题组 (2021) [81]		√	√	√	√	√	√	√	√
IEA (2021a) [82]		√	√	√	√	√	√	√	√
IEA (2021b) [83]		√	√	√	√	√	√	√	√
清华大学《中国长期低碳发展战略与转型路径研究项目》综合报告编写组 [74]		√	√	√	√	√	√	√	√
柴麒敏 (2019) [84]		√	√	√	√	√	√	√	
McCollum et al. (2018) [73]		√	√	√	√	√	√	√	√

注：本表中的文献序号对应书后参考文献。

图 10-3　本研究能源相关投资估算范围

表 10-2 不同文献能源相关投资的研究方法与主要结论

文献来源	研究范围	时间范围	地区范围	模型方法	主要结论
BloombergNEF (2023)[75]	可再生能源、储能、核电、碳捕集与封存、氢能、电动交通、供热电气化、可持续材料等项目	2022 年	全球	基于单个项目和财务数据的"自下而上"分析模型	2022 年，全球能源转型投资总额为 1.1 万亿美元，比 2021 年增长 31%。其中，可再生能源投资占比最高（4 950 亿美元），电气化交通投资增速最快。
IEA (2024)[72]	电力、能源、矿产、建筑、交通、工业部门等	2023—2024 年	全球	自下而上分析模型	2023 年全球能源投资总额约为 2.973 万亿美元，预计 2024 年全球能源投资总额将增长 5%，达到 3.12 万亿美元。当前的能源投资趋势仍不足以实现气候变化目标。
UNFCCC (2022)[76]	可再生能源、可持续交通、建筑物能效等	2019—2020 年	全球	自下而上分析方法	2019—2020 年全球气候资金流量达到约年均 8 030 亿美元，比 2017—2018 年增长 12%。推动这一趋势的原因是建筑、基础设施及可持续交通领域内减缓气候变化活动的增加及适应资金的增长
BP (2023)[77]	风能，太阳能及上游石油和天然气生产投资	2020—2050 年	全球	自下而上分析模型	对于上游石油和天然气，2020—2021 年的年均投资为 3 950 亿美元，2022—2030 年的年均投资在 3 250 亿~4 050 亿美元，2031—2050 年的年均投资为 1 800 亿~4 100 亿美元；对于风能及太阳能，2020—2021 年的年均投资近 4 000 亿美元，2022—2030 年的年均投资为 2 700 亿~7 000 亿美元，2031—2050 年的年均投资为 3 300 亿~5 700 亿美元
张静等 (2022)[78]	六大行业（电力、钢铁、水泥、铝冶炼、炼油和石化、煤化工）和两大领域（交通、建筑）的 59 项降碳措施	2021—2035 年	中国	自下而上的降碳技术综合成本评估模型	2021—2035 年全国重点行业、领域实现碳达峰需累计投入 34 万亿元（年均 2.3 万亿元），其中，2030 年前碳达峰累计投入为 20.8 万亿元，年均投入 2.1 万亿元。电力、工业、交通和建筑分别占比 52.4%、5.3%、23.8%、18.5%

续表

文献来源	研究范围	时间范围	地区范围	模型方法	主要结论
World Bank Group (2022)[79]	电力、交通两个部门	2021—2060年	中国	自下而上的行业模型和整个经济的CGE模型的综合性模型框架	2021—2060年中国在基线投资的基础上还需要总计13.8万亿美元的额外投资，其中，2030年前投资需求约2.1万亿美元，2031—2060年投资需求约11.7万亿美元
Zhang & Chen (2022)[80]	风电、光伏、核电、储能、配备CCS的火电等能源供应侧相关项目	2020—2050年	中国	China-TIMES模型耦合蒙特卡洛分析方法	2030年碳达峰情景下，2020年至2050年间能源供应部门需要4.9至7.8万亿美元的投资。在2025年碳达峰情景下，2020年至2030年的投资将需增加43%。在2020年碳达峰情景下，未来十年能源供应部门需要再增加990亿至1 620亿美元的投资
IEA (2021a)[72]	包括技术领域（碳捕集、氢能、电力系统等）及部门（建筑、交通、工业、基础设施等）两个维度	2016—2060年	中国	能源技术展望模型（ETP）和世界能源模型（WEM）混合建模	中国能源投资年度总额将在2030年达到4万亿元、2060年达到6万亿元，主要由发电、网络和终端用能设备驱动
IEA (2021b)[72]	包括技术领域（碳捕集、氢能、电力系统等）及部门（建筑、交通、工业、基础设施等）两个维度	2016—2050年	全球	能源技术展望模型（ETP）和世界能源模型（WEM）混合建模	要实现到2050年的净零排放转型，全球能源投资将从2016—2020年的年均2万亿美元扩大到2030年的年均近5万亿美元，2050年的年均4.5万亿美元。电力、基础设施和终端用能部门的投资将大幅增加
中国金融学会绿色金融专业委员会课题组（2021）[81]	低碳能源体系所涉及投资（如电力、工业、建筑等终端用能行业低碳化所需投资）、林业生态投资（生态建设和保护等）和环保投资（污染源治理等）	2021—2050年	中国	采用"自上而下"和"自下而上"两种方法，其中自下而上方法为能源政策模拟（EPS）模型	2021—2050年的低碳投资需求为487万亿元
清华大学《中国长期低碳发展战略与转型路径研究项目》综合报告编写组（2020）[74]	能源、工业、建筑、交通部门投资	2020—2050年	中国	"自下而上"和"自上而下"相结合的研究方法	2020—2050年的累计投资需求在2℃情景下约为127万亿元，1.5℃情景下约为174万亿元。其中，能源供应侧投资需求较大，在2℃情景下约为99万亿元，1.5℃情景下约为138万亿元

续表

文 献 来 源	研 究 范 围	时 间 范 围	地区范围	模 型 方 法	主 要 结 论
柴麒敏等（2019）[84]	减缓气候变化新增投资和适应气候变化新增投资	2016—2030 年	中国	自下而上系统化模型（PECE）	2016—2030 年，中国实现国家自主贡献的总资金需求规模将达 56 万亿元（年均约 3.7 万亿元）。其中，平均每年减缓和适应气候变化的资金需求分别约占 57% 和 43%；随着减缓气候变化力度的提高和面临的气候变化风险的增加，年均应对气候变化资金需求呈现加速增长态势
McCollum et al. (2018)[73]	资源开采、发电、燃料转换、管道（传输）储能和终端设备等不同类型的能源技术	2015—2050 年	全球	六个全球能源经济综合评估模型（AIM/CGE, IMAGE, MESSAGEix-GLOBIOM, POLES, REMINDMAgPIE, WITCH-GLOBIOM）	2℃情景下，预计从 2016 年到 2050 年全球每年的能源投资将约为 2.1 万亿至 4.1 万亿美元；在 1.5℃情景下，全球每年的能源投资将增加到 2.4 万亿至 4.7 万亿美元

注：UNFCCC 指《联合国气候变化框架公约》（United Nations Framework Convention on Climate Change）。

等能源需求侧投资，McCollum 等[1] 估算了全球实现 2℃和 1.5℃温升目标所需的能源投资，估算范围既包括化石燃料开采，电力、生物质能等能源供应侧技术，也包括能源需求侧节能投资；三是考虑碳捕集与封存（CCS）的相关投资。清华大学 2020 年发表的《中国长期低碳发展战略与转型路径研究项目》综合报告[2] 从供应侧和需求侧相对全面地评估了我国实现 2℃和 1.5℃温升目标的投资需求。本章延续该报告投资需求分析的口径，估算实现碳中和目标下，2020—2060 年能源供给侧（能源部门）和能源需求侧（工业、交通和建筑部门）新增投资需求（见图 10-3）。新增投资需求包括新建设施投资和改造投资，着重体现能源转型发展带动的投资增量。

通常，能源相关新增投资估算可以基于对不同技术发展潜力的研判，通过识别不同时期能源供应设施或设备的新建、改造规模，以及由技术进步等因素所带来的单位新建、改造投资变化趋势来进行测算。投资估算公式为

$$\text{Inv}_{i,n} = \text{NCap}_{i,n} \times \text{UInv}_{i,n} \quad (10\text{-}1)$$

式中，$\text{Inv}_{i,n}$ 为第 i 项技术措施在 n 时期内的新增投资；$\text{NCap}_{i,n}$ 为该技术在 n 时期内的新建或改造规模；$\text{UInv}_{i,n}$ 为该技术措施在 n 时期内的单位新建或改造投资。

一些新建或改造不以节能和碳减排为核心目标的能源需求侧技术，因只是兼具节能和碳减排属性，所以对新增投资估算需要进行额外处理。参考 IEA 的计算方法，本研究重点估算不同技术措施为实现碳中和目标所付出的额外增量投资。主要涉及两种情况：一是交通和建筑部门估算了居民家庭用重点节能低碳设备的投资需求，且仅核算相比传统设备的增量投资，例如，本研究将居民电动汽车购置纳入投资核算范围，但仅纳入它相对传统燃油汽车的增量部分；二是交通部门的公转铁和公转水措施，仅纳入为实现碳中和目标而"额外"新增的轨道建设和水路建设规模的投资需求，而不是中长期全部新增轨道和水路建设规模的投资总额。

交通和建筑部门家庭用能设备的新增投资估算公式为

$$\text{Inv}_{j,n} = \text{NCap}_{j,n} \times (\text{UInv}_{j,n} - \text{UInv}_{j,n}^{r}) \quad (10\text{-}2)$$

式中，$\text{Inv}_{j,n}$ 为第 j 项设备在 n 时期内的新增投资；$\text{NCap}_{j,n}$ 为该设备在 n 时期内的新购置规模；$\text{UInv}_{j,n}$ 为该设备在 n 时期内的单位购置价格；$\text{UInv}_{j,n}^{r}$ 为该设备所对应的传统设备在 n 时期内的单位购置价格。

交通部门公转铁、公转水措施的新增投资估算公式为

$$\text{Inv}_{k,n} = (\text{NCap}_{k,n} - \text{NCap}_{k,n}^{r}) \times \text{UInv}_{k,n} \quad (10\text{-}3)$$

式中，$\text{Inv}_{k,n}$ 为第 k 项技术措施在 n 时期内的新增投资；$\text{NCap}_{k,n}$ 为实现碳中和目标下该技术措施在 n 时期内的新建、改造规模；$\text{NCap}_{k,n}^{r}$ 为考虑经济社会发展一般规律下，该技术措施在 n

[1] McCollum D, Zhou W, Bertram C, et al. Energy investment needs for fulfilling the Paris Agreement and achieving the Sustainable Development Goals[J]. Nature Energy, 2018, 3(7):589-59

[2] 清华大学《中国长期低碳发展战略与转型路径研究项目》综合报告编写组.《中国长期低碳发展战略与转型路径研究》综合报告. 中国人口·资源与环境, 2020. 30(11): 1-25.

时期内的新建、改造规模；UInv$_{k,n}$ 为该技术措施在 n 时期内的单位新建或改造投资。

10.2.2　模型工具

　　本章基于能源转型定量分析模型开展研究，并且对模型中涉及能源相关投资的内容进行了扩展。该模型既包括"自下而上"的电力、工业、交通和建筑子模型，可以对各部门主要技术措施的新增规模与单位投资进行刻画，也包括"自上而下"宏观模型（模型介绍详见第 3 章）。

10.3　能源部门

10.3.1　投资需求估算范围

　　能源部门投资需求估算涵盖的范围主要包括煤矿建设投资、原油开采投资、天然气开采投资、电力部门投资（包括电源、储能、电网的建设投资）、氢能生产 - 运输 - 存储投资、碳捕集 - 运输 - 埋存投资、生物质能相关投资等，如表 10-3 所示。

表 10-3　能源部门投资需求估算范围

类　　别	相关技术 / 管理措施投资项目	估算口径
化石能源	煤矿建设	
	原油开采	
	气藏开采	
电力	电源 [煤电、气电、核电、水电、风电（陆上和海上）、光伏（集中式和分布式）、生物质发电]	
	储能（抽水蓄能和电化学储能）	
	电网（省内电网和跨省电网）	
氢能	灰氢生产、运输、存储等	建设投资与改造投资
	蓝氢生产、运输、存储等	
	绿氢生产、运输、存储等	
碳捕集与封存	能源行业碳捕集改造	
	直接空气碳捕集	
	二氧化碳运输管道	
	二氧化碳封存	
生物质能	生物液体燃料、生物天然气等	

10.3.2　能源部门投资需求

全部温室气体中和情景下，2020—2060 年能源部门累计总投资需求约为 101 万亿元，其中电力投资需求占比最大，约为 73.8 万亿元，占比 73%（见图 10-4）。化石能源开采利用投资集中在 2035 年前，总投资累计约 3.69 万亿元。其中，煤炭和石油的投资需求主要发生在 2020—2030 年，天然气投资需求发生在 2020—2035 年，且投资需求逐渐下降。

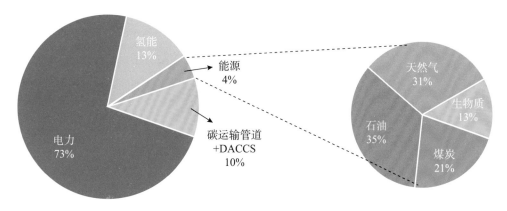

图 10-4　全部温室气体中和情景下能源部门投资需求构成

2020—2060 年的氢能生产累计总投资需求约为 12.55 万亿元，占能源部门总投资需求的 12.4%。绿氢从 2025 年开始逐渐增加，且自 2045 年之后基本全是绿氢，2020—2060 年累计总投资 10.09 万亿元，在氢能总投资中约占 80.4%。灰氢和蓝氢分别在氢能累计总投资中占 12.3% 和 7.3%（见图 10-5）。

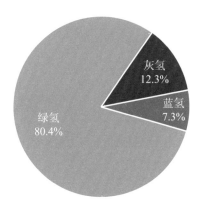

图 10-5　全部温室气体中和情景下氢能投资需求构成

2020—2060 年电力部门的累计总投资需求约为 73.8 万亿元，其中电源、电网和储能的累计总投资分别约 40.73 万亿、25.48 万亿和 7.59 万亿元。从整体来看，电网、电源和储能在总分布中占比分别为 55%、35% 和 10%（见图 10-6）。

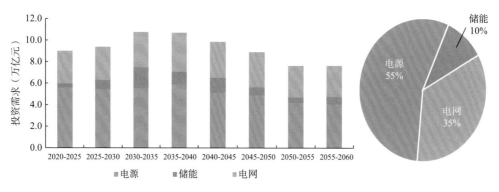

图 10-6　全部温室气体中和情景下电力投资需求构成

在二氧化碳中和情景下，能源部门 2020—2060 年累计投资需求相比全部温室气体中和情景投资需求略有下降，约为 92.31 万亿元。两个情景下的投资需求总结对比如表 10-4 所示。其中两种情景在 2020—2035 年的累计投资需求基本相同，均为 41.83 万亿元左右；二氧化碳中和情景在 2035—2060 年的累计投资低于全部温室气体中和情景，约为 50.48 万亿元。

表 10-4　两情景下能源部门投资需求　　　　　　　　　　　　单位：万亿元

情景		二氧化碳中和情景			全部温室气体中和情景		
时段		2020—2035	2035—2060	总计	2020—2035	2035—2060	总计
煤炭		0.91	0.00	0.91	0.91	0.00	0.91
石油		1.47	0.00	1.47	1.47	0.00	1.47
天然气		1.31	0.04	1.35	1.31	0.00	1.31
生物质		0.18	0.30	0.48	0.18	0.39	0.57
碳运输管道、碳封存与 DACCS		0.89	4.31	5.20	0.89	9.52	10.41
电力	电源	16.55	23.22	39.77	16.55	24.18	40.73
	储能	3.15	3.44	6.59	3.15	4.44	7.59
	电网	9.42	15.59	25.00	9.42	16.07	25.48
	小计	29.12	42.25	71.36	29.12	44.69	73.80
氢能	灰氢	1.55	0.00	1.55	1.55	0.00	1.55
	蓝氢	0.65	0.16	0.81	0.65	0.26	0.91
	绿氢	5.75	3.43	9.17	5.75	4.34	10.09
	小计	7.95	3.58	11.53	7.95	4.60	12.55
总计		41.83	50.48	92.31	41.83	59.19	101.02

10.4　典型高耗能行业

10.4.1　投资需求估算范围

综合数据可得性与技术重要程度，难以估算全部工业部门的投资需求，本节主要估算了以下技术的投资（表 10-5）。

表 10-5　高耗能工业行业投资需求估算范围

行　业	低 碳 技 术	估算口径
水泥	替代燃料水泥窑	
	六级预热器预分解炉	
	第四代篦冷机	
钢铁	氢冶金	建设或改造投资
	电炉炼钢	
	焦化上升管余热利用技术	
	加热炉黑体强化辐射技术	
	竖炉式烧结矿显热回收利用技术	
合成氨	绿氢合成氨一体化	
	先进煤气化节能技术	
整体工业部门	碳捕集与封存	

1. 水泥行业

水泥行业主要考虑了替代燃料水泥窑技术、六级预热器预分解炉和第四代篦冷机技术[1]。替代燃料水泥窑技术主要利用城市生活垃圾、工业垃圾和商业垃圾等可燃废弃物代替在水泥生产中所需的天然化石燃料[2]。

六级预热器预分解技术主要采用六级预热器系统（包括高效低压损的旋风筒，固定式撒料装置等）降低熟料热耗。

第四代篦冷机技术将篦床分成通风单元和熟料输送单元，相对三代篦冷机，损耗更小，热回收效率更高。

2. 钢铁行业

钢铁行业主要考虑了氢冶金、电炉短流程炼钢、焦化上升管余热利用技术、加热炉黑体强化辐射技术和竖炉式烧结矿显热回收利用技术[3]。

① 佟庆，魏欣旸，秦旭映，郭玥锋. 我国水泥和钢铁行业突破性低碳技术研究 [J]. 上海节能，2020(05): 380-385.
② 逄思宇，曹烨. 水泥生产碳排放的产生环节及减排措施 [J]. 化工矿产地质,2014,36(04):250-254.
③ 李新创，李冰. 全球温控目标下中国钢铁工业低碳转型路径 [J]. 钢铁，2019, 54(08): 224-231

氢冶金技术利用氢作为还原剂代替碳还原，是减少长流程炼钢 CO_2 排放的重要途径之一。典型的氢冶金工艺主要有氢等离子直接炼钢、氢熔融还原与氢直接还原等，其中占主流的是高炉富氢冶炼与气基直接还原竖炉炼铁两种。高炉富氢冶炼是向高炉内喷吹富氢气体（焦炉煤气、天然气）或氢气的一种低碳炼铁技术，目前该工艺已趋成熟，具备改善高炉运行状况、提升能源利用效率、减少煤和焦炭的使用量、降低 CO_2 排放量等诸多优点。但因喷吹氢气量受限，碳减排幅度为 10%~20%。气基直接还原竖炉是利用 H_2、CO 混合气体，将铁矿石转化为直接还原铁，再将之投入电炉冶炼。该工艺能够从源头控制碳排放，减碳幅度可达 50% 以上，减排潜力较大[1]。

电炉炼钢可以大幅度降低化石能源消耗和 CO_2 排放。与高炉 - 转炉长流程炼钢相比，电炉短流程炼钢主要消耗的能源为电，以直接还原铁或废钢为原料，利用石墨电极与直接还原铁形成电弧所产生的热量进行冶炼，在经过电炉、LF 炉精炼、连铸机、长材轧机或者扁平材轧机等流程后，变成最终钢材产品。电炉炼钢工艺不仅可以生产特钢，而且可以生产普碳钢。

焦化上升管余热利用技术通过换热装置利用焦炉荒煤气显热加热循环水，由上升管换热后产生的汽水混合物返回汽包进行汽水分离。

加热炉黑体强化辐射技术可制成集"增大炉膛面积、提高炉膛发射率和增加辐照度"三项功能于一体的工业标准黑体——黑体元件，将众多的黑体元件安装于炉膛内壁适当部位，与炉膛共同构成红外加热系统。

烧结矿竖冷窑冷却工艺及显热回收技术将经过热破碎的烧结矿通过送料小车装入密闭的竖式窑膛内，采用大容量窑膛、小气料比冷却、通过延长冷却时间换取较高热风温度。

3. 合成氨行业

合成氨行业主要考虑了绿氢合成氨一体化和先进煤气化节能技术。

绿氢合成氨一体化技术通过可再生能源生产绿氢，并以此为原材料生产氨气。采用电解水制氢，哈伯博世工艺合成氨是绿氢合成氨常见的技术路线[2]。

先进煤气化节能技术主要采用增加煤干馏速度、改善煤热解等改善气化过程的方法，改善煤气化技术流程以达到节能减排的目的。

CCS 技术在钢铁、水泥、合成氨等行业有广泛的应用场景。

在钢铁行业的应用，包括但不限于炼焦和高炉炼铁过程，当前发展较快的是"高炉 + 碳捕集"与"熔融炉 + 碳捕集"工艺路线[3]。

① Zhou Sheng, Alun Gu, Qing Tong, Yuefeng Guo, Xinyang Wei. Multi-scenario simulation on reducing CO_2 emissions from China's major manufacturing industries targeting 2060[J]. Journal of Industrial Ecology, 2021

② Yang, X., Wan, H., Zhang, Q., Zhou, J. C., Chen, S. Y.A scenario analysis of oil and gas consumption in China to 2030 considering the peak CO_2 emission constraint[J]. Petroleum Science, 2016, 13: 370-383.

③ Zhou Sheng, Qing Tong, Xunzhang Pan, Min Cao, Hailin Wang, Ji Gao, Xunmin Ou. Research on low-carbon energy transformation of China necessary to achieve the Paris agreement goals: A global perspective[J]. Energy Economics, Energy Economics, 2021(2):105-137.

水泥排放尾气中的 CO_2 属于低浓度碳源，燃烧后捕集和富氧燃烧是水泥行业 CCS 技术应用中较为普遍的方式。水泥工业主要采用 MEA（一乙醇胺）化学吸收法、纯氧燃烧法、冷却氨水法、膜分离法、分体式钙循环法和集成式钙循环法等方法捕获 CO_2。目前国内水泥行业的 CCS 应用仍处于初期示范阶段，基于胺的烟气二氧化碳吸收技术是最成熟的技术之一。

在合成氨产业，CCS 技术可用于采用煤等化石燃料制备氢气的技术路线及哈伯博世工艺制备合成氨中产生的 CO_2 的排放。

10.4.2　高耗能工业部门典型技术投资需求

在二氧化碳中和情景下，表 10-5 所示的高耗能工业部门典型技术在 2020—2060 年累计投资约为 2.3 万亿元，主要投资集中在 2035 年之后。

在全部温室气体中和情景下，上述典型技术投资需求相比二氧化碳中和情景略有增加，增量合计约 7 503 亿元（表 10-6）。

表 10-6　两情景下高耗能工业典型技术投资需求　　　　　单位：亿元

情景		二氧化碳中和情景			全部温室气体中和情景		
时段		2020—2035年	2035—2060年	总计	2020—2035年	2035—2060年	总计
水泥	替代燃料水泥窑	57.19	26.73	83.92	57.19	26.73	83.92
	六级预热器预分解炉	48.47	5.86	54.33	48.47	9.47	57.94
	第四代篦冷机	35.81	0.00	35.81	35.81	0.09	35.90
钢铁	氢冶金	3 409.43	1 359.85	4 769.28	2 561.28	2 208.00	4 769.28
	电炉炼钢	2 546.05	386.67	2 932.72	2 552.34	404.45	2 956.78
	焦化上升管余热利用技术	42.29	0.00	42.29	42.29	0.00	42.29
	加热炉黑体强化辐射技术	6.91	0.00	6.91	6.91	0.00	6.91
	竖炉式烧结矿显热回收利用技术	81.88	0.00	81.88	81.88	0.00	81.88
合成氨	氢气合成氨	709.80	2 967.34	3 677.14	709.80	2 967.34	3 677.14
	先进煤气化节能技术	39.05	0.00	39.05	39.05	0.00	39.05
工业部门	CCS 技术	0.00	11 287.50	11 287.50	50.00	18 712.50	18 762.50
合计		6 976.87	16 033.96	23 010.83	6 185.01	24 328.58	30 513.59

10.5 交通部门

10.5.1 投资需求估算范围

本研究中，交通部门估算范围包括重要低碳及零碳技术措施和相关管理措施。重要的技术措施包括轻型道路交通、重型道路交通、航空交通等子部门利用电能、氢能的低碳零碳交通工具、燃料加注基础设施方面的技术。相关管理措施则包括货运公转铁和公转水等。具体涉及的技术、管理措施，如表 10-7 所示。囿于数据可得性，其他部分非道路技术及措施相关投资，以及部分具体铁路专用线、城市轨道交通和具体车船补能基础设施等项目投资，未在本研究中进行匡算。

表 10-7 交通部门投资需求估算范围

子 部 门	相关技术 / 管理措施	估算口径
道路交通	电动汽车	相对传统汽车的购置投资增量
	燃料电池汽车	相对传统汽车的购置投资增量
	充电桩、充电站	建设投资
	加氢站	建设投资
航空交通	氢能飞机	相对传统飞机的购置投资增量
铁路交通	公转铁措施	在铁路建设方面的额外投资
水运交通	公转水措施	在港口航道方面的额外投资

10.5.2 交通部门投资需求

在全部温室气体中和情景下，交通运输部门 2020—2060 年的投资需求总量约为 36.3 万亿元，其中 2020—2035 年和 2035—2060 年分别为 13.5 万亿元和 22.8 万亿元。分项来看，2020—2060 年，电动汽车、燃料电池汽车相对传统汽车的购置投资增量分别测算为 24 万亿和 2.4 万亿元。电动汽车充电基础设施的投资需求为 2.13 万亿元左右。氢燃料电池汽车加注基础设施的投资需求为 1.44 万亿元左右。氢能飞机配置的投资增量约为 2 835 亿元。公转铁、公转水等措施需要增加 4 万亿元和 2 万亿元左右的额外投资。其中，2020—2035 年，电动汽车、燃料电池汽车相对传统汽车的购置投资增量分别测算为 9.56 万亿元和 0.75 万亿元。电动汽车充电基础设施的投资需求为 0.34 万亿元左右。氢燃料电池汽车加注基础设施的投资需求为 0.57 万亿元左右。公转铁、公转水等措施需要增加 1.5 万亿元和 0.75 万亿元左右的额外投资。在二氧化碳中和情景下，交通运输部门 2020—2060 年投资需求总量相对全部温室气体中和情景略有缩小，约为 30.8 万亿元，其中 2020—2035 年和 2036—2060 年分别为 11.9 万亿元和 18.9 万亿元（见表 10-8）。

表 10-8 两情景下交通部门投资需求　　　　单位: 万亿元

情景		二氧化碳中和情景			全部温室气体中和情景		
时段		2020—2035 年	2036—2060 年	总计	2020—2035 年	2036—2060 年	总计
道路交通	电动汽车	8.60	12.10	20.70	9.56	14.44	24.00
	燃料电池汽车	0.68	1.42	2.10	0.75	1.65	2.40
	充电桩、充电站	0.31	1.36	1.67	0.34	1.79	2.13
	加氢站	0.51	0.75	1.26	0.57	0.87	1.44
航空交通	氢能飞机	0.00	0.23	0.23	0.00	0.28	0.28
铁路交通	公转铁措施	1.20	2.00	3.20	1.50	2.5	4.00
水运交通	公转水措施	0.60	1.00	1.60	0.75	1.25	2.00
总计		11.90	18.86	30.76	13.47	22.78	36.25

10.6　建筑部门

10.6.1　投资需求估算范围

如第 6 章所述, 建筑部门为了实现双碳目标, 需要建筑本体、设备系统等实现全面的改造升级, 进一步实现能效提升并改善能源与供热结构, 以及推动光储直柔建筑减轻未来电力系统负担。

综合数据可得性与技术重要程度, 本研究主要估算了以下技术的投资。

1. 建筑围护结构性能提升

包含新建建筑由于设计标准提升增加的投资, 以及进行既有建筑围护结构改造带来的投资。分别考虑了南北方气候与城乡差异: 北方地区主要考虑减少冬季供暖负荷, 长江以南地区主要考虑减少空调负荷, 长江流域地区兼顾供暖与空调; 农村地区改造将充分考虑其体形系数大、房间多、采暖需求有局部性等特征。

2. 采暖空调设备系统提升 (民用建筑)

包含供暖与制冷系统效率提升及能源结构优化带来的投资。结合城镇与农村地区在北方、长江流域及长江以南地区的采暖空调需求与已有设备系统特征分别进行测算。北方城镇地区供暖主要包括各类热电联产与余热回收系统的加装与改造、新建燃气锅炉、加装热泵、供热管网建设等; 南方城镇地区供暖以热泵为主, 2030 年前燃气壁挂炉数量还会有一定增加; 农村地区供暖主要考虑热泵、生物质锅炉及少量燃气壁挂炉。

3. 设备效率提升与电气化改造

包含各类照明、家电、设备等的效率提升，以及生活热水、炊事、消毒等用能终端的电气化。效率提升方面会综合考虑住宅与公建设备密度差异带来的投资差别；住宅电气化主要包括炊事和生活热水，公建电气化主要考虑生活热水、炊事及消毒等特殊功能，供暖电气化在"供暖制冷系统优化"中考虑，此处不再计算。

4. 光储直柔建筑推广

光储直柔建筑包含建筑光伏、储能加装、直流改造的技术集成。由于建筑光伏安装与储能加装已经作为电力系统的一部分进行统筹考虑，为避免重复计算，此处仅考虑建筑内直流改造的投资。

投资估算范围如表 10-9 所示。

表 10-9　建筑部门投资需求估算范围

相关技术	估算口径
建筑围护结构性能提升	建设或改造投资
采暖空调设备系统提升（民用建筑）	建设或改造投资
光储直柔建筑推广	改造投资

10.6.2　建筑部门投资需求

全部温室气体中和情景下，建筑部门 2020—2060 年的投资需求约为 25.5 万亿元（见表 10-10）。围护结构性能提升的投资占总投资额的三分之一左右，其中约三分之二用于新建建筑；随着新建建筑规模的下降与既有建筑改造需求的提升，围护结构性能提升投资中新建建筑占比将不断下降，预计到 2060 年降至不足三分之一。采暖空调设备系统提升投资占比为总数的 60% 左右。光储直柔建筑投资目前占比较少，但未来还将快速增长，预计到 2060 年占总投资额的接近 10%。预计以上投资总额中约 40% 将发生在 2035 年以前。在二氧化碳中和情景下，建筑部门 2020—2060 年总投资需求为 22.3 万亿元。

表 10-10　两情景下建筑部门投资需求　　　　　单位：万亿元

情景	二氧化碳中和情景			全部温室气体中和情景		
时段	2020—2035 年	2035—2060 年	总计	2020—2035 年	2035—2060 年	总计
围护结构性能提升	3.4	5.1	8.5	3.8	5.3	9.1
采暖空调设备系统提升（民用建筑）	5.5	7.1	12.6	6.2	8.3	14.6
光储直柔建筑	0.03	1.2	1.2	0.09	1.7	1.8
总计	8.9	13.4	22.3	10.1	15.3	25.5

第 11 章

结论与政策建议

党的十九大报告提出了新时代社会主义现代化建设的目标和基本方略，并进行了安排和部署。党的二十大报告中明确了全面建成社会主义现代化强国分两步走的战略安排。我国已将碳达峰、碳中和纳入生态文明建设总体布局，从时间上基本与"两步走"相契合。统筹考虑国内国际两个大局，面向碳中和的长期低碳发展战略要同时支撑国内经济社会发展目标和国际应对气候变化《巴黎协定》两个目标的实现。

11.1 2030 年、2035 年及长期低碳发展总体目标

我国提出的 2060 年前碳中和目标内涵应为全部温室气体的中和，与《巴黎协定》目标下的排放路径相契合，也与我国到 21 世纪中叶建成中等发达国家的定位相称。以此为目标，到 2060 年的低碳发展总体目标和转型路径可划分为碳排放达峰期（当前到 2030 年）、碳排放深度减排期（2030—2050 年）、碳中和期（2050—2060 年）三个阶段。主要有 2030 年、2035 年和 2060 年三个关键节点。

11.1.1 2030 年的低碳发展目标

努力争取 CO_2 排放在 2025 年后进入峰值平台期，2030 年前实现达峰后稳中有降，全部 CO_2 排放峰值控制在 128 亿吨 CO_2 左右（包括工业生产过程排放），实现经济增长与碳排放的脱钩。非二氧化碳温室气体在 2030 年前与二氧化碳排放同步达峰，排放量控制在 25 亿吨以内。

能源结构优化有序推进,新增能源消费需求主要由非化石能源满足。煤炭消费在"十五五"期间达峰并实现稳中有降，到 2030 年煤炭消费占比降到 46%。石油消费在 2025 年前后达峰，

到 2030 年，石油消费占比降至 16% 左右。天然气需求量稳步上升，到 2030 年在一次能源消费中占比约 9%。在保障能源安全和平稳转型的前提下，可再生能源坚持集中式与分布式并举发展，到 2030 年，非化石能源在一次能源消费中的占比达到 29% 左右。

到 2030 年，电力在终端能源消费中的占比将由当前的 27% 提升到 30%，非化石能源电力在总电量中的占比将达约 54%。

11.1.2　2035 年的低碳发展目标

到 2035 年，我国基本实现社会主义现代化，人均国内生产总值达到中等发达国家水平，美丽中国建设目标基本实现，碳排放量持续稳定下降，实现深度减排，全部 CO_2 排放（包括工业生产过程排放）约为 108 亿吨，比峰值下降约 15% 以上，非二氧化碳排放在 2030 年前达峰的基础上降至 2020 年的排放水平。2050 年，CO_2 排放降到 20 亿吨左右，与届时世界人均 CO_2 排放量（1.0～1.5 吨）水平相当，比 2030 年前二氧化碳峰值排放量减排 80% 以上。这一阶段非二氧化碳温室气体大幅减排，相比 2020 年减排约 50%。

能源结构低碳化加速变革。2035 年一次能源消费总量预计为 74 亿 tce，煤炭、石油、天然气消费占比分别约为 39%、13%、9%，非化石能源消费占比达到约 39%。到 2050 年实现经济增长与能源消费脱钩，煤炭、石油、天然气在一次能源中的占比分别降至 12%、6% 和 7% 左右，非化石能源的占比提升到 75%。

11.1.3　2060 年的低碳发展目标

到 2060 年，能源和工业过程剩余二氧化碳排放分别为 19.2 亿吨和 0.1 亿吨，剩余的非二氧化碳温室气体排放为 8.9 亿吨。CCS 捕集和地质埋存量为 19.2 亿吨，碳汇量为 9.0 亿吨，从而实现全部温室气体中和。

全面建成清洁低碳、安全高效的新型能源体系，非化石能源的消费比重占比达到 85% 以上。煤炭消费的占比持续降至 7%。石油仍将在民航、水运等较难实现替代的领域发挥一定作用，在化工领域将由燃料逐步转向原料，到 2060 年的石油消费占比约 4%。天然气消费占比持续降至 4%。

到 2060 年，电力占终端能源消费的比重约为 64%，非化石能源电力在总电量中的占比将达约 90% 以上，终端部门能源消费总量将比 2020 年下降 20%。终端消费中氢能消费需求到 2030 年将达到 4800 万吨，到 2060 年将增加至 8600 万吨，占终端能源的消费比例在 14% 左右，且近 75% 是电解水制氢；2060 年生物质利用消费量为 5 亿 tce。

11.2　重点部门和行业的 2035 年及长期低碳发展目标及路径

在以上 2060 年前实现全部温室气体中和的目标导向及转型路径下，我们研究提出了工业、交通、建筑、能源、农林等部门以及非二氧化碳温室气体的分阶段发展目标和减排路径，以及实现碳中和的能源转型投资需求。

11.2.1　工业部门

工业在我国经济发展中占主导地位，也是我国经济增长的重要支柱。2020 年，工业部门终端能源消费量为 23.68 亿 tce，占全国终端能源消费总量的 64.3%，其中煤炭、石油、天然气、电力、热力和其他消费分别占 39.1%、13.4%、15.8%、25.5% 和 6.1%。2020 年工业部门的 CO_2 排放总量为 54.4 亿吨（不含电力和热力消费所对应的间接排放，包括工业生产过程排放）。

中国工业发展内外部条件正发生深刻变化，工业由高速增长向中高速增长转变，新旧动能加快转换，战略性新兴产业和技术密集型产业加速发展并逐步占据主导地位，资源环境约束不断加大给工业集约绿色发展提出新要求。中国工业发展和碳排放趋势呈现中低端制造向高端制造升级、技术创新能力不断增强、工业发展与能源需求增长及碳排放"脱钩"等主要特征。

结合排放因子、产量、技术普及率等因素进行预测，工业部门 CO_2 排放总量预计在 2030 年前达峰，2030 年之后，随着高耗能产品产量的下降和低碳技术的推广应用，工业部门碳排放进入去峰期，预计到 2025 年、2030 年、2035 年、2050 年和 2060 年，工业部门 CO_2 排放量（含能源燃烧相关的二氧化碳、工业过程的二氧化碳排放及 CCS 封存量）分别为 64.0 亿吨、65.6 亿吨、50.7 亿吨、9.9 亿吨和 3.4 亿吨。

我国工业部门应持续优化产业结构，推动能源结构低碳化和电气化，并将重点行业低碳转型作为关键突破口，以优化终端消费结构、淘汰落后产能并提高产能利用率为主要路径，实现钢铁、水泥、合成氨等行业综合碳排放因子的持续下降，逐步提高能源和原材料利用效率，并加强源头控制和负排放等突破性技术的研发与应用，推动工业部门"双碳"目标的达成。

11.2.2　交通部门

交通部门是实现居民出行和货物运输的基础性行业，由道路、铁路、水路和航空等运输方式组成。2020 年，中国交通部门能源消费量 5.03 亿 tce，约占终端能源消费总量的 13.16%，能源相关碳排放量 8.3 亿吨，约占全国能源相关碳排放量的 8.2%。石油基燃料是主要来源。2020 年，中国交通部门的直接碳排放中，因汽油、柴油、航空煤油消费产生的碳排放占了

96.9%，煤炭、天然气及其他替代燃料占比仅 3.1%。

需求的提升拉高交通能源消费规模和碳排放量，使得交通部门已成为中国碳排放增长最快的领域之一，随着经济的发展和居民生活水平的提高，居民私家车保有量和航空出行频率将快速增长，预计 2021—2035 年居民出行量年均增长将达 3.2%，货运量年均增长将达 2%。为支撑实现"双碳"目标，中国交通部门的碳排放量须力争在"十五五"时期达峰，碳排放量峰值应力争控制在 11 亿吨 CO_2 以内。到 2060 年，力争交通部门总体碳排放量降至 1.3 亿吨 CO_2，道路运输、民航运输和水路运输的碳排放量占比分别为 32.0%、36.6 和 29.8%。

控制交通部门的碳排放量，亟待多部门联动和多主体协同挖掘深度脱碳的空间，从引导交通需求、推广低碳交通技术装备、提升运输组织效率等方面协同发力。道路交通加速节能技术和替代燃料渗透，加快自动驾驶技术和智能网联系统等新技术的应用，碳排放在 2030 年前达到峰值后迅速下降，到 2060 年降至 1.3 亿吨。铁路客货运逐步提高电气化率，研发和推广铁路牵引技术、列车牵引供电系统制动能量回馈技术等关键铁路节能技术，2060 年电力机车和高铁动车组能效较之 2020 年分别提升 15.0% 和 9.1%。航空运输向能耗和碳排放强度更低的高铁等运输方式转移，推广翻新技术、新代际飞机和颠覆性技术，注重管理技术应用，加快生物质燃料和氢能等燃料替代。水路运输促进 LNG、甲醇、生物燃料、电力、氢能、氨等技术多元化发展，持续提升船舶能效。

11.2.3　建筑部门

建筑部门与国民生活水平密切相关，随着城镇化进程的不断推进和居民生活水平的不断提高，其能源消费总量近年来持续刚性增长，碳排放量总体也呈上升趋势。2020 年我国民用建筑运行能耗约为 7.8 亿 tce（含建筑内的电力和供热能耗，电热当量法），运行相关二氧化碳排放量约为 21.8 亿吨 CO_2，占全国能源活动二氧化碳排放量总量的 19%（含建筑内的电力和供热造成的间接排放），其中化石燃料终端消费导致的直接碳排放 7.1 亿吨 CO_2，热力导致的间接碳排放 4.2 亿吨 CO_2，电力导致的间接碳排放 10.5 亿吨 CO_2。

随着进入经济发展新常态，兼顾减排目标，建筑部门总体排放量预计在 2025—2030 年达到峰值，预计峰值在 25 亿吨 CO_2，到 2060 年，碳排放总量 0.6 亿吨 CO_2。建筑规模增速逐渐放缓，从 2020 年的 660 亿平方米到 2035 年以后稳定在 750 亿～800 亿平方米。建筑能耗到 2030 年前后达到峰值 8.39 亿 tce，到 2060 年回落至约 6.15 亿 tce。其中，煤炭、油品与 LPG 能耗均稳步下降；其中煤炭占比将由目前的约三分之一降至 2050 年的 5% 以内，电力迅速增加，电气化率由当前不足 35% 增长至 2030 年的 56.3%，到 2060 年达到 85% 以上。以高效利用的生物质为主的各类零碳燃料将逐渐发展。

建筑部门低碳转型需要着重解决北方城镇采暖转型、农村零碳用能系统推进及建筑电气化提升与"光储直柔"建筑发展问题。2035 年前，需要尽快明确建筑部门碳排放核算方法与评价体系，以建筑实际用能与碳排放量作为导向持续推进建筑节能，控制建筑规模避免大拆大建，加快推进电气化、北方城镇供暖转型、农村能源系统规划等用能结构优化，推动"光储直柔"建筑相关技术体系、政策机制与标准规划的逐渐明确，为建筑实现柔性用能做好技术与政策储备。面向 2060 年，还应兼顾近中远期，指明建筑部门低碳转型的总体方向，推进建筑部门与交通、电力等相互促进、共同减排，在规划、标准、补贴等各方面政策制定中充分考虑低碳转型需求及低碳转型的实际落地，以及从需求侧入手，推动绿色低碳消费模式和柔性用能模式，扮演好建筑作为能源系统调节者的新角色。

11.2.4　电力行业

电力是我国煤炭消耗和碳排放最大的行业，其碳排放量约占全国能源相关碳排放量的40%。全国电力消费逐年上升，电能替代持续推进，非化石能源发电占比持续提升。2023 年，全国全口径发电量 9.46 万亿千瓦时，其中化石能源发电占比为 63.4%，非化石能源发电占比为 36.6%，可再生能源发电量占比为 32%。火力发电能效不断提升，2022 年，全国单位火电发电量二氧化碳排放约 824 克 / 千瓦时，比 2005 年下降 21.4%；平均单位发电量二氧化碳排放约 541 克 / 千瓦时，比 2005 年下降 36.9%。

未来随着终端电气化进程快速推进，电力需求将持续增长，预计 2030 年约 12.8 万亿千瓦时以上，新增电力需求全部由清洁能源满足；风电、光伏在电力装机中占比近 60%，发电量占比超过 30%；电力部门在 2030 年进入碳排放峰值平台期，然后快速下降，排放峰值在 44 亿～45 亿吨。2035 年的碳排放量相对峰值的下降幅度在 10%～15%。到 2050 年，电力需求约达 18.57 万亿千瓦时，电力深度减排，碳排放快速下降；风光发电装机快速增长达到约 83.3 亿千瓦，发电量占比升至约 60%，非化石能源发电占比提升至 86% 左右；考虑碳捕集后电力生产部门实现近零排放。2050—2060 年，电力系统持续提升清洁电力占比和加强负排放技术应用，力争于 2055 年前后实现碳中和，在 2060 年实现负排放 1.7 亿吨 CO_2；到 2060 年电力消费量达到约 18.7 万亿千瓦时。供给侧清洁能源为主体，风电、光伏的装机容量将超过 90 亿千瓦，发电量占比将达到约 65%，非化石能源发电占比进一步提升超过 90%，保留一定容量的煤电、气电做电力支撑与安全备用；终端电气化率提升至 63.6% 左右。

电力行业低碳转型的主要措施包括：推动煤电功能定位逐步转型，普通煤电机组由电量生产功能逐渐转变为日内调峰和容量备用功能，超超临界机组进行 CCS 和生物质掺烧加装 CCS（PBECCS）改造，承担低碳电量生产功能；大力发展电源侧零碳及负碳能源发电技术；发展多元化储能技术，应对高比例新能源消纳和接入；推进高比例可再生能源并网与输电技术研发，提高电网运行灵活性；推广应用多元用户灵活互动技术，充分调动负荷侧调节能力；建立适应多元化市场主体的灵活调度机制，保障高比例新能源高效利用。

11.2.5 农业和林业部门

我国农业活动温室气体排放量主要来自动物肠道发酵、动物粪便管理、水稻种植、农业用地、废弃物焚烧，2014 年为 8.3 亿吨 CO_2-eq，占温室气体排放总量（不包括林业和土地利用变化）的 7.5%，其中甲烷（CH_4）排放 2224.5 万吨、氧化亚氮（N_2O）排放 117.0 万吨，分别占全国 CH_4 和 N_2O 排放总量的 41% 和 72%。2010 年来，农业温室气体排放呈缓慢增长，2020 年比 2010 年增加了 5.1%。面向碳中和，考虑确保粮食安全、实现农业现代化及居民饮食结构的变化，农业减排挑战较大，基准情景下农业部门温室气体持续增长，在碳中和背景下中国农业非二氧化碳温室气体的排放量应于 2025 年前达峰，峰值排放量不应超过 10 亿吨 CO_2-eq，到 2060 年应比 2020 年减排 20%。其中肥料管理、稻田水分管理、低排放品种选育和新型制剂是种植业减排的重点领域，养殖业口粮优化与管理则是养殖业减排的重点领域。

我国是全球森林面积增加最快、人工林最多的国家，2022 年全国森林覆盖率达 24.02%，森林蓄积量 194.93 亿立方米，连续 30 多年保持森林面积、蓄积量"双增长"，自 1999 年以来开始比较稳定地表现为碳汇，估算全国森林生物量和土壤碳汇在 2014—2018 年为 4.3 亿~5.1 亿吨 CO_2-eq / 年。未来中国森林随着成熟林和老龄林比例的上升，其碳汇强度会减低，在加强森林管理活动 [如控制用火、森林防火、病虫害防治、森林更新、幼林抚育（除草、松土等）、修枝、施肥、灌溉、排水、采伐及采伐剩余物和枯死木管理等] 的情况下，森林生态系统（包括植被和土壤）碳汇（CO_2-eq）的潜力在 2010 年到 2060 年期间平均约为每年 13.1 亿吨，2055—2060 年期间约为每年 9.2 亿吨。2035 年和 2060 年应通过森林可持续管理进一步提升林业部门的碳汇潜力，确保各个时期森林碳汇能力能够稳定提升。

11.2.6 非二氧化碳温室气体排放

非二氧化碳温室气体是对 CH_4、N_2O、HFCs、PFCs、SF6 和 NF3 的统称，主要来自工业生产、能源部门、农业部门和废弃物部门等。目前，我国每年的非二氧化碳温室气体排放量约 20 亿吨 CO_2-eq，占全球非二氧化碳温室气体排放总量的 14% 左右。2020 年我国非二氧化碳温室气体排放主要来源为甲烷，约占 49%，而氧化亚氮和含氟气体排放占比分别为 28% 和 23%。甲烷是中国最重要的非二氧化碳温室气体，能源相关甲烷排放量在甲烷总排放量中的占比接近 50%，由于我国以煤炭为主的能源结构，煤炭相关甲烷排放量在能源相关甲烷排放量中的占比达 95% 以上。如果按照非二氧化碳排放的部门贡献来看，能源、工业和农业部门的贡献基本相当，都在 30% 左右，其中农业部门占 34%、能源部门占 30%、工业部门占 28%。废弃物部门占比较少，为 8%。

预计在 2030 年前，中国非二氧化碳温室气体排放量还将小幅上升，通过发挥二氧化碳减排对非二氧化碳温室气体的协同减排作用，基本可以实现在 2030 年前非二氧化碳温室气体与二氧化碳同步达峰，预计至 2035 年可以实现比峰值下降超过 7% 的减排；若 2060 以前进一步部署非二氧化碳温室气体的减排技术与措施，预计可以实现比峰值水平下降 36%～60%，也可以尽量减少对负排放技术的需求。其中甲烷和含氟气体减排潜力较大，而氧化亚氮则较难实现大幅度减排，到 2060 年，甲烷、氧化亚氮和含氟气体相比 2020 年将分别减排 6.1 亿吨 CO_2-eq（59%）、1.8 亿吨 CO_2-eq（28%）和 4.5 亿吨 CO_2-eq（90%），2060 年非二氧化碳温室气体排放不超过 10 亿吨 CO_2-eq。

控制非二氧化碳温室气体，一是控制煤炭和石油需求，实现非二氧化碳温室气体的协同减排，二是扩大能源甲烷的回收利用技术，三是通过政策大力引导与支持推动氧化亚氮减排，四是加强气体监测的技术攻关与体系建设，五是加强能源及固废处理领域甲烷回收利用技术研发，六是在合适的时机将甲烷排放纳入市场机制，鼓励企业开展甲烷减排。

11.2.7 能源转型投资需求分析

能源相关投资是促进能源体系高效、深度转型的重要力量。本研究估算了实现碳中和目标下，2020—2060 年能源供给侧（能源部门）和能源需求侧（典型高耗能行业、交通和建筑部门）新增投资需求，具体包括新建设施投资和改造投资，着重体现能源转型发展带动的投资增量。

其中，能源部门投资需求估算主要包括电力部门投资（包括电源、储能、电网的建设投资）、氢能生产 - 运输 - 存储投资、碳捕集 - 运输 - 封存投资、生物质能相关投资等，全部温室气体中和情景下，2020—2060 年能源部门累计投资需求约为 101 万亿元，其中电力投资需求占比最大，约为 73.8 万亿元，占比 73%。工业部门中，本文仅对水泥、钢铁和合成氨三个高耗能行业典型降碳技术的投资增量进行了测算，三者累计投资需求约 3.1 万亿元。交通部门估算范围中的主要低碳及零碳技术措施包括轻型道路交通、重型道路交通、航空交通等子部门利用电能、氢能的低碳零碳交通工具、燃料加注基础设施方面的技术，相关管理措施包括货运公转铁和公转水等。在全部温室气体中和情景下，交通运输部门 2020—2060 年累计投资需求总量约为 36.3 万亿元。建筑部门主要估算了建筑围护结构性能提升、采暖空调设备系统提升（民用建筑）、光储直柔建筑推广方面的投资，全部温室气体中和情景下，建筑部门在 2020—2060 年的累计投资需求约为 25.5 万亿元。

11.3 政策建议

我国要立足于当前，积极以碳中和目标为导向，结合最新的发展形势和需要，以基本实现现代化、美丽中国建设目标为指引，强化低碳发展政策导向，使碳减排的工作与社会主义现代化建设和美丽中国建设的工作相一致。为此，建议着重做好以下几方面的工作。

第一，尽快设定清晰、明确的碳排放达峰的年份和排放总量目标。 当前到 2030 年是我国的碳达峰阶段，要避免碳冲锋、"一刀切"、运动式"减碳"等盲目提高碳排放上限或不切实际地减排行动，就需要给全社会清晰、明确的碳排放目标作为锚定。应尽快明确我国达峰的年份及对应的碳排放总量控制目标，同时在工业、交通、建筑等部门和电力、钢铁等重点行业提出可以进一步量化的目标，以清晰的政策导向指引全社会低碳转型的路径和进程。

第二，以发展可再生能源为主抓手，坚定推动能源低碳转型进程。 必须认识到，我国传统化石能源资源的禀赋并不丰富，而可再生能源禀赋和开发潜力远远高于化石能源，已开发规模不到技术可开发资源量的十分之一，完全具备支撑经济社会高质量发展的条件。低碳转型是我国由不得不依赖"富煤、缺油、少气"的传统能源资源禀赋转向"可再生能源"强国的重要机遇。只有建成以可再生能源为供应主体的能源系统，既不依赖国外的能源，又不依赖有限的地下化石能源资源，从资源依赖转变为技术立身和强身，才能把能源生产牢牢掌握在自己手上，从源头上实现能源安全。

第三，以碳中和目标内涵为全部温室气体中和为导向，部署科技研发，支持颠覆性技术体系的发展。 主要国家部署碳中和战略的经验表明，实现碳中和的长期技术路径具有不确定性，面向碳中和的低碳、零碳和负碳技术是各国科技布局的重点和未来全球科技竞争的焦点，我国必须把握好这个难得的历史机遇，协同部署渐进性、突破性技术的科技创新，力争引领下一代能源生产和能源消费新模式，实现"弯道超车"，为经济转型升级提供新的、关键增长点，支撑高质量发展和社会主义现代化强国建设，在激烈的全球竞争中占据先机。考虑到能源系统、基础设施建设的周期长、投入锁定效应大等特点，需要在 2030 年前做好风电、光伏、先进核电、储能、智能电网、CCS 等能源技术和脱碳技术的研发和示范。实现碳达峰后的碳排放稳定下降到碳中和阶段，除了能源相关的二氧化碳排放外，甲烷、氧化亚氮等其他非二氧化碳温室气体减排技术的研发和应用也将成为未来各国竞争的焦点。因此，应明确并适时宣布我国提出的碳中和目标内涵为努力实现全部温室气体的净零排放，强化对非二氧化碳温室气体排放的管控和减排，促进和引导温室气体深度减排和非二氧化碳减排相关的颠覆性技术发展。

第四，在能源转型过程中妥善解决好能源安全挑战。 能源低碳转型的过程中可能会派生新的能源安全问题，具体而言，能源安全需要在长周期确保能源资源长期稳定供应，避免系统性危机，实现能源战略安全；在短期和中长期确保基本面平衡和能源供应体系稳定运行，避免能源供需失衡，实现能源运行安全；在紧急情况下确保快速反应，增强能源系统韧性，实现能源的应急安全。必须确立和强化"能源安全是发展新能源的目的，同时也是不可逾越底线"的意识。需要坚持不立不破的原则，建立起"既保障经济社会发展、又促进可再生能源快速增长和大规模应用"的能源安全体系，确保能源稳定安全地朝向低碳转型。

第五，积极参与和推动全球气候治理，共建人类命运共同体。 我国在多边进程中主动作为，已成为全球生态文明建设的重要参与者、贡献者、引领者，在气候变化领域形成的发达国家和发展中两大阵营中，我国是传递发展中国家诉求、为发展中国家发声的核心，也是推动全球气候治理进程发展的主要力量。当前，极端气候事件增多增强，发展中国家特别是脆弱国家深受不利影响，而全球气候治理进程受阻，联合国和大国气候领导力不足，国际社会对我国抱有期待。我国应发挥发展中大国的责任担当，加大行动力度，主动贡献和引领全球气候治理，推动气候进程，以更加积极的态度推动气候变化国际合作。一是维护《联合国气候变化框架公约》下的气候多边主义，坚持以基于规则的方式推动全球气候治理，协调不同谈判集团立场，推动《公约》主渠道下各议题取得平衡、有效进展。二是加强中美气候变化合作，以合作应对气候变化作为管控中美关系的抓手，落实《中美应对气候危机联合声明》《加强合作应对气候危机的阳光之乡声明》等中美间共识，在双方共同关心的技术领域讨论和开展具体合作，并在地方政府、研究机构、高校、企业间推动合作交流，拓宽两国合作渠道。三是基于中欧在推动多极化和多边主义方面存在的共识，积极加强与欧洲的政策对话、沟通和协作，基于双方已经建立的中欧环境与气候高层对话，加强在低碳技术发展、绿色标准制定及绿色产业链安全方面的对话与合作，使气候变化成为维系中欧关系的稳定之锚。四是深入开展应对气候变化的南南合作和共建绿色"一带一路"，帮助发展中国家开展减碳和适应气候变化行动。

参 考 文 献

[1] Net Zero Tracker. Data Explorer [EB/OL]. [2023-04-27]. https://zerotracker.net/#companies-table.

[2] United Nations Environment Programme (UNEP), UNEP Copenhagen Climate Centre. Emissions Gap Report 2022[R]. Nairobi: UNEP, 2022.

[3] European Commission. In-depth analysis in support of the Commission Communication COM. 2018.

[4] HM Government. Net zero strategy: Build back greener. 2021.

[5] 日本全球环境战略研究所. A net-zero world: 2050 Japan. https://www.iges.or.jp/en/pub/net-zero-2050en/en.2020.

[6] 普林斯顿大学. Net zero America [EB/OL]. https://netzeroamerica.princeton.edu/the-report.

[7] The United States Department of State and the United States Executive Office of the President. The Long-Term Strategy of the United States: Pathways to Net-Zero Greenhouse Gas Emissions by 2050.

[8] International Civil Aviation Organization (ICAO). ICAO Aircraft Engine Emissions Databank[EB/OL]. [2022-04-20]. https://www.easa.europa.eu/domains/environment/icao-aircraft-engine-emissions-databank.

[9] International Energy Agency (IEA). An Energy Sector Roadmap to Carbon Neutrality in China[R]. Paris: IEA 2021.

[10] International Energy Agency (IEA). Tracking Transport 2020[R]. Paris: IEA, 2020.

[11] International Energy Agency (IEA). Greenhouse Gas Emissions from Energy[R]. Paris: IEA, 2021.

[12] Lin Yatang, Yu Qin, Jing Wu, et al. Impact of high-speed rail on road traffic and greenhouse gas emissions[J]. Nature Climate Change, 2021, 11: 952–957.

[13] Mckinsey. Hydrogen-powered aviation, A fact-based study of hydrogen technology,

economics and climate impact by 2050[R]. Belgium: Mckinsey, 2020.

[14] Peng Tianduo, Yan Xiaoyu, Ou Xunmin. Development and application of China provincial road transport energy demand and GHG emissions analysis model[J]. Applied Energy, 2018, 222: 313-328.

[15] Ren Lei, Zhou Sheng, Peng Tianduo, et al. Greenhouse gas life cycle analysis of China's fuel cell medium—and heavy-duty trucks under segmented usage scenarios and vehicle types[J]. Energy, 2022, 249: 123628.

[16] Schäfer A, Evans A D, Reynolds T G, et al. Costs of mitigating CO_2 emissions from passenger aircraft[J]. Nature Climate Change, 2016, 6(4): 412-418.

[17] The Intergovernmental Panel on Climate Change (IPCC). Climate Change 2022: Mitigation of Climate Change[R]. Geneva: IPCC, 2022.

[18] Vari Flight. Data Analytic Platform [EB/OL]. [2021-10-02]. https://data.variflight.com/.

[19] World Bank. The 500-million-vehicle question: What will it take for China to decarbonize transport? [N]. World Bank Blog, 2021-06-07.

[20] 陈迎 . 碳达峰碳中和 100 问 [M]. 北京：人民日报出版社，2021.

[21] 戴家权，彭天铎，韩冰，等 . "双碳"目标下中国交通部门低碳转型路径及对石油需求的影响研究 [J]. 国际石油经济，2021，29(12): 1-9.

[22] 国家统计局 . 中国统计年鉴 [M]. 北京：中国统计出版社，2021.

[23] 何建坤，周剑，欧训民 . 能源革命与低碳发展 [M]. 北京：中国环境出版社，2018.

[24] 李彦宏 . 智能交通：影响人类未来 10～40 年的重大变革 [M]. 北京：人民出版社，2021.

[25] 刘斐齐 . 中国车用能源需求及碳排放预测研究 [D]. 北京：清华大学，2021.

[26] 刘功臣，赵芳敏 . 低碳交通 [M]. 北京：中国环境科学出版社，2015.

[27] 刘建国，戚时雨，朱跃中 . 水运行业"去油化"趋势及中国低碳化路径选择 [J]. 国际石油经济，2021, 29(7): 45-51.

[28] 绿色和平 . 转型与挑战 —— 零排放汽车转型如何助力中国汽车领域碳达峰和碳减排 [R]. 北京，2021.

[29] 能源与交通创新中心 . 中国传统燃油汽车退出时间表研究 [R]. 北京，2019.

[30] 彭天铎，袁志逸，任磊，等 . 中国碳中和目标下交通部门低碳发展路径研究 [J]. 汽车工程学报，2022，12(4).

[31] 汽车强国战略研究项目组 . 汽车强国战略研究 [M]. 北京：科学出版社，2020.

[32] 清华大学气候变化与可持续发展研究院 . 中国长期低碳发展战略与转型路径研究 [M]. 北京：中国环境出版社，2020.

[33] 王庆一 . 2020 能源数据 [R]. 北京：绿色发展创新中心，2021.

[34] 袁志逸. 中国交通部门深度脱碳关键措施与发展路径研究 [D]. 北京：清华大学，2021.

[35] 张晓玲，欧训民. 减缓气候变化经济学 [M]. 北京：中国社会科学出版社，2021.

[36] 中国国际经济交流中心. 中国氢能产业政策研究 [M]. 北京：社会科学文献出版社，2021.

[37] 中国汽车工程学会. 节能与新能源汽车路线图 2.0[M]. 北京：机械工业出版社，2020.

[38] 江亿，胡姗. 屋顶光伏为基础的农村新型能源系统战略研究 [J]. 气候变化研究进展，2022，18(3): 272-282.

[39] 李叶茂，郝斌，李雨桐. 直流建筑技术展望 [J]. 建筑科学，2022，38(2): 40-49, 98.

[40] 魏泓屹，卓振宇，张宁，等. 中国电力系统碳达峰·碳中和转型路径优化与影响因素分析 [J]. 电力系统自动化，2022，46(19): 1-12.

[41] 康重庆，杜尔顺，李姚旺，等. 新型电力系统的"碳视角"：科学问题与研究框架 [J]. 电网技术，2022，46(3): 821-833.

[42] 卓振宇，张宁，谢小荣，等. 高比例可再生能源电力系统关键技术及发展挑战 [J]. 电力系统自动化，2021，45(9): 171-191.

[43] 肖晋宇，侯金鸣，杜尔顺，等. 支撑电力系统清洁转型的储能需求量化模型与案例分析 [J]. 电力系统自动化，2021，45(18): 9-17.

[44] 程耀华，杜尔顺，田旭，等. 电力系统中的碳捕集电厂：研究综述及发展新动向 [J]. 全球能源互联网，2020，3(4): 339-350.

[45] 李奇，朱建华，冯源，等. 中国森林乔木林碳储量及其固碳潜力预测 [J]. 气候变化研究进展，2018，14(3): 287-294.

[46] 朱建华，田宇，李奇，等. 中国森林生态系统碳汇现状与潜力 [J]. 生态学报，2023(9): 1-16.

[47] 中国农业科学院农业经济与发展研究所. 中国农业农村改革成就、调整与未来思路 [J]. 农业经济问题，2019(2): 4-8.

[48] 中国农业大学全球食物经济与政策研究院. 2022 中国与全球食物政策报告 [R]. 北京：中国农业大学全球食物经济与政策研究院，2022.

[49] 黄季焜，解伟. 中国未来粮食供需展望与政策取向 [J]. 工程管理科技前沿，2022(1): 17-25.

[50] 仇焕广，雷馨圆，冷淦潇，等. 新时期中国粮食安全的理论辨析 [J]. 中国农村经济，2022(7): 2-17.

[51] 黄季焜，胡瑞法，盛誉，等. 全球农业发展趋势及 2050 年中国发展展望 [J]. 中国工程科学，2022，24(1): 30-37.

[52] 黄季焜，胡瑞法，易红梅，等. 面向 2050 年我国农业发展愿景与对策研究 [J]. 中国

工程科学，2022，24(1): 11-20.

[53] 许智宏 . 中国农业的发展现状与未来趋势 [N]. 中国科学报，2020. https://www.cas.cn/zjs/202009/t20200929_4761757.shtml.

[54] Zhao M, Yang J, Zhao N, et al. Spatially explicit changes in forest biomass carbon of China over the past 4 decades: Coupling long-term inventory and remote sensing data[J]. Journal of Cleaner Production, 2021, 316:128274.

[55] 朴世龙，岳超，丁金枝，等 . 试论陆地生态系统碳汇在"碳中和"目标中的作用 [J]. 中国科学：地球科学，2022，doi: 10.1360/SSTe-2022-0011.

[56] 张小全，侯振宏 . 森林退化、森林管理、植被破坏和恢复的定义与碳计量问题 [J]. 林业科学 , 2003, 39(4):140-144.

[57] 侯振宏，张小全，肖文发 . 中国森林管理活动碳汇及其潜力 [J]. 林业科学 , 2012, 48(8):11-15.

[58] Cai H, He N, Li M, et al. Carbon sequestration of Chinese forests from 2010 to 2060: Spatiotemporal dynamics and its regulatory strategies[J]. Science Bulletin, 2022, 67(8):836-843.

[59] Frank S, Havlík P, Stehfest E, et al. Agricultural Non-CO_2 Emission Reduction Potential in the Context of the 1.5°C Target[J]. Nature Climate Change, 2018, 9(1): 66–72.

[60] 田惠玲，朱建华，李宸宇，等 . 基于自然的解决方案：林业增汇减排路径、潜力与经济性评价 [J]. 气候变化研究进展，2021，17(2): 195-203.

[61] Cui Z, Zhang H, Chen X, et al. Pursuing Sustainable Productivity with Millions of Smallholder Farmers[J]. Nature, 2018, 555(7696): 363–366.

[62] 中国农业农村发展趋势报告编写组 . 2022 中国农业农村发展趋势报告——保障农业农村优先发展 [N]. 经济日报，2022-01-21. http://www.qstheory.cn/qshyjx/2022-01/21/c_1128285688.htm.

[63] 国家林业与草原局 . 中国森林资源报告（2014—2018）[M]. 北京：中国林业出版社，2019.

[64] 李怒云 . 林业应对气候变化，为人类社会可持续发展做贡献 [J]. 可持续发展经济导刊，2019(z2): 49.

[65] Chen M, Cui Y R, Jiang S, et al. Toward carbon neutrality before 2060: Trajectory and technical mitigation potential of non-CO_2 greenhouse gas emissions from Chinese agriculture[J]. Journal of Cleaner Production, 2022, 368: 133186.

[66] Du Y, Ge Y, Ren Y, et al. A global strategy to mitigate the environmental impact of China's ruminant consumption boom[J]. Nature Communication, 2018, 9: 4133.

[67] Lin J, Khanna N, Liu X, et al. China's non-CO_2 greenhouse gas emissions: future trajectories and mitigation options and potential[J]. Scientific Reports, 2019, 9: 16095.

[68] Liu Z, Ying H, Chen M, et al. Optimization of China's maize and soy production can ensure feed sufficiency at lower nitrogen and carbon footprints[J]. Nature Food, 2021, 2: 426–433.

[69] Ocko, Ilissa B, et al. Acting rapidly to deploy readily available methane mitigation measures by sector can immediately slow global warming[J]. Environmental Research Letters, 2021,16 (5):54042.

[70] 郝敬泉，华卫琦，查志伟，等 . 己二酸生产技术进展及市场分析 [J]. 现代化工，2012.，32(8): 1-4.

[71] 石华信 . 不产生 N_2O 的合成己二酸新技术 [J]. 石油石化节能与减排，2015，5(2): 40.

[72] IEA. World energy investment 2024[R]. 2024. https://www.iea.org/reports/world-energy-investment-2024.

[73] McCollum D, Zhou W, Bertram C, et al. Energy investment needs for fulfilling the Paris Agreement and achieving the Sustainable Development Goals[J]. Nature Energy, 2018, 3(7):589-599.

[74] 清华大学《中国长期低碳发展战略与转型路径研究项目》综合报告编写组 .《中国长期低碳发展战略与转型路径研究》综合报告 [J]. 中国人口·资源与环境，2020. 30(11): 1-25.

[75] BNEF. Energy Transition Investment Trends 2023[R]. 2023.

[76] UNFCCC. Fifth Biennial Assessment and Overview of Climate Finance Flows[R]. 2022. https://unfccc.int/sites/default/files/resource/J0156_UNFCCC%20BA5%202022%20Summary_Web_AW.pdf#:∼:text=The%20fifth%20BA%20conducted%20by%20the%20SCF1%20provides,to%20address%20climate%20change.%20The%20fifth%20BA%20includes%3A.

[77] BP. BP Energy Outlook: 2023 edition[R]. 2023. https://www.bp.com/content/dam/bp/business-sites/en/global/corporate/pdfs/energy-economics/energy-outlook/bp-energy-outlook-2023.pdf.

[78] 张静，薛英岚，赵静，等 . 重点行业 / 领域碳达峰成本测算及社会经济影响评估 [J]. 环境科学研究，2022，35(2): 414-423.

[79] World Bank Group. China Country climate and development report-China[R]. 2022. https://www.worldbank.org/en/country/china/publication/china-country-climate-and-development-report.

[80] Zhang S, Chen W Y. Assessing the energy transition in China towards carbon neutrality with a probabilistic framework [J]. Nature Communications, 2022, 13(1): 1-15.

[81] 中国金融学会绿色金融专业委员会课题组 . 碳中和愿景下绿色金融路线图研究 (摘要版)[R]. 2021. http://greenfinance.org.cn/upfile/file/20210929061856_791326_90508.pdf.

[82] IEA. An Energy Sector Roadmap to Carbon Neutrality in China[R]. 2021a. https://www.iea.org/reports/an-energy-sector-roadmap-to-carbon-neutrality-in-china.

[83] IEA. Net Zero by 2050[R]. 2021b. https://www.iea.org/reports/net-zero-by-2050.

[84] 柴麒敏，傅莎，温新元，等 . 中国实施 2030 年应对气候变化国家自主贡献的资金需求研究 [J]. 中国人口·资源与环境，2019，29(4): 1-9.

[85] 佟庆，魏欣旸，秦旭映，郭玥锋 . 我国水泥和钢铁行业突破性低碳技术研究 [J]. 上海节能，2020(5): 380-385.

[86] 逄思宇，曹烨 . 水泥生产碳排放的产生环节及减排措施 [J]. 化工矿产地质，2014，36(4):250-254.

[87] 李新创，李冰 . 全球温控目标下中国钢铁工业低碳转型路径 [J]. 钢铁，2019，54(8): 224-231.

[88] Zhou Sheng, Alun Gu, Qing Tong, et al. Multi-scenario simulation on reducing CO_2 emissions from China's major manufacturing industries targeting 2060[J]. Journal of Industrial Ecology, 2021.

[89] Yang, X, Wan, H, Zhang, Q, et al. A scenario analysis of oil and gas consumption in China to 2030 considering the peak CO_2 emission constraint[J]. Petroleum Science, 2016, 13: 370-383.

[90] Zhou Sheng, Qing Tong, Xunzhang Pan, et al. Research on low-carbon energy transformation of China necessary to achieve the Paris agreement goals: A global perspective[J]. Energy Economics, Energy Economics, 2021(2):105-137.

[91] 欧训民，彭天铎，张茜，等 . 中国电动汽车的发展规模及其能源环境资源影响研究 — 方法、模型和应用 [M]. 北京：经济管理出版社，2019.

[92] 欧训民，袁志逸，欧阳丹华，等 . 中国碳中和愿景下交通部门能源碳排放研究 [M]. 北京：经济管理出版社，2022.

[93] 袁志逸 . 中国交通部门深度脱碳关键措施与发展路径研究 [D]. 北京：清华大学，2021.

[94] 清华大学建筑节能研究中心 . 中国建筑节能技术辨析 [M]. 北京：中国建筑工业出版社．2016.

[95] 清华大学建筑节能研究中心 . 中国建筑节能路线图 [M]. 北京：中国建筑工业出版社，2016.

[96] 清华大学建筑节能研究中心 . 中国建筑节能年度发展研究报告 2019[M]. 北京：中国建筑工业出版社，2019.

[97] 清华大学建筑节能研究中心 . 中国建筑节能年度发展研究报告 2020[M]. 北京：中国建筑工业出版社，2020.

[98] 清华大学建筑节能研究中心 . 中国建筑节能年度发展研究报告 2021[M]. 北京：中国建筑工业出版社，2021.

[99] 田智宇，燕达，黄全胜，等 . 能源需求侧关键技术评估 [M]// 第四次气候变化国家评估报告 . 北京：科学出版社，2022: 863-889.

图 表 索 引